国家自然科学基金青年科学基金项目资助(编号：71704005)
国际应用系统分析学会(IIASA)暑期青年科学家项目(YSSP)资助(编号：71811540349)

"双碳"目标下钢铁工业降碳减污协同发展研究

李博抒　著

·上海·

图书在版编目(CIP)数据

"双碳"目标下钢铁工业降碳减污协同发展研究/李博抒著.—上海:华东理工大学出版社,2024.5
ISBN 978-7-5628-7515-4

Ⅰ.①双… Ⅱ.①李… Ⅲ.①钢铁工业-无污染技术-研究 Ⅳ.①TF4

中国国家版本馆CIP数据核字(2024)第098733号

内容提要

钢铁工业是我国推动降碳减污的关键领域。本书创新性地构建了适用于中国钢铁行业降碳减污协同效益的综合评估模型框架,在预测2020—2060年间钢铁消费端需求变化和生产端技术进步对能耗、二氧化碳及大气污染物排放影响的基础上,探究了钢铁行业实现降碳减污的技术可行空间和路径优选方案;基于碳达峰、碳中和、大气污染控制等多维度目标约束系统评估了钢铁行业协同减排的转型成本和综合效益,以期为相关决策提供参考和支持。

本书适合能源、环境和气候变化及其交叉领域的技术人员、管理人员、科研人员、高等院校师生及政府公务人员阅读。

策划编辑 / 马夫娇
责任编辑 / 马夫娇
责任校对 / 陈婉毓
装帧设计 / 徐 蓉
出版发行 / 华东理工大学出版社有限公司
　　　　　地址:上海市梅陇路130号,200237
　　　　　电话:021-64250306
　　　　　网址:www.ecustpress.cn
　　　　　邮箱:zongbianban@ecustpress.cn
印　　刷 / 上海雅昌艺术印刷有限公司
开　　本 / 710 mm×1000 mm　1/16
印　　张 / 14.25
字　　数 / 216千字
版　　次 / 2024年5月第1版
印　　次 / 2024年5月第1次
定　　价 / 128.00元

版权所有　　侵权必究

序 一
PREFACE

环境污染、气候变化是当今人类社会面临的关键挑战和问题。钢铁行业二氧化碳排放量约占全球工业二氧化碳排放总量的25%，是全球工业部门中碳排放最高的行业，钢铁行业如何降低污染和二氧化碳排放备受关注。

钢铁行业是我国国民经济的基础和支柱产业，在城市化和工业现代化进程中发挥着不可替代的作用。同时，钢铁行业也是我国大气污染物和碳排放的重要部门，是环境污染治理和气候变化应对的重点和难点领域，对我国环境质量持续改进目标和"双碳"目标的实现具有标志性意义。

近年来，我国钢铁行业污染物减排已取得显著成效。但随着气候变化问题日益凸显，特别是"双碳"目标的提出，钢铁行业同时面临严峻的国家对钢铁行业的碳排放强度的"相对约束"、碳排放总量的"绝对约束"，以及复杂的国际经济关系和全球产业链变化带来的各类压力。如何在全球产业链和各类国际贸易政策变化和绿色壁垒可能持续强化的情况下，借助技术创新和有效政策推动，实现产业的绿色化、低碳化和高质量发展依旧是一个充满挑战和不确定性的问题。

钢铁行业能否探索出一条以低成本、高效益的方式，统筹降低污染、减少温室气体排放、提高效率、提升国际竞争力乃至引领产业绿色转型和高质量发展、满足社会经济发展需求等多重目标，借助结构调整、工艺和流程优化、技术创新等方式，实现钢铁行业和企业的绿色低碳转型并最终走上高质量、可持续发展的路径，是包括钢铁行业在内的诸多行业面临的关键和共同挑战。钢铁行业在减污降碳增效和绿色低碳转型路径的探索具有重要示范作用。

李博抒博士的专著，针对钢铁行业这个复杂系统所面临的上述关键挑战、现实压力和政策需求、远景发展问题以及底层的关键学术问题，特别是：基于对钢铁行业这个复杂系统的分析和认识，从系统分析和综合评估的视角，(1)在对各类技术和措施的可得性、可行性以及减排潜力和相应的成本进行细致分析的同时,借助所改进的综合评估模型,识别以低成本方式实现多目标协同的减污降碳路径;(2)借助环境经济分析以及综合评估等方法,评估不同减污降碳路径和目标下的健康与社会经济效益;(3)从全行业、长周期和供-需端的系统性分析视角,识别和筛选具有成本有效性特征、效益/成本比大的技术、措施和路径,从而为钢铁行业提供相应的可供参考和选择的具有减污-降碳-增效-增益的方案。

从学术探索的角度,本研究构建了减污降碳协同影响与效益分析的综合评估模型框架,实现了将技术优化模型与可计算一般均衡(CGE)模型、GAINS模型和人群健康影响评估模型的软连接和结合。所构建的模型和方法,对现有的模型和综合评估方法均有所拓展和改进。利用所构建的模型和方法,本研究针对钢铁行业进行了深入的分析和评估,特别是从全行业和供-需两侧等多个视角以及碳中和与大气污染控制等多维度目标约束,从成本有效性、最低成本原则和成本-效益分析特别是健康效益评估的角度,对减污降碳路径和技术选择及其不同组合等开展了综合评估,一方面验证了所构建的方法应用到现实行业进行综合评估的可行性;另一方面,基于本研究的定量综合评估的结果,也可为相关决策者制定钢铁行业减污降碳实现碳中和目标的策略、技术路径选择,提供决策支持和参考。

本研究的理论思考、研究视角、研究设计及具体的研究方法改进,不仅适用于对钢铁行业的分析,对于其他能源领域以及其他污染/大型碳排放行业的研究,都具有学术上的借鉴和参考价值。

欣然写下此序,一是表达我对此专著的研究特点的点滴看法以及对作者的祝贺;更重要的是,期待这个专著的出版,能够推动和引发相关的学术讨论乃至争论,特别是针对包括钢铁行业在内的各产业如何有效制定协同多目标,以低成本、高效益的方式实现产业的减污降碳目标的战略和策略,并同时借助技术创新和制度创新,推动中国的绿色和高质量发展。

张世秋

北京大学环境科学与工程学院

序 二
PREFACE

自从"双碳"目标提出以来,中国政府已出台了完整的"1+N"顶层设计体系,聚焦重点领域、重点行业,坚持分业施策,制定了钢铁等行业碳达峰实施方案,明确了低碳发展路线图。碳达峰、碳中和是前所未有的经济社会实践,必然会催生出大量新的理论和实践问题亟待探索。

李博抒博士选取规模大、带动性强、关联性高,又是高耗能、高污染、高排放的钢铁行业为切入点,探讨了重点行业如何实现降碳减污协同增效,体现了青年学者对重大现实问题的关注。碳中和目标下的行业转型路径和政策设计,要求在高度不确定性、多目标的复杂系统中优化决策,从能源、环境、经济、社会等多维度开展系统分析,是值得广大青年学者们积极投身的一个新的研究领域。

纵观此著作,思路清晰、论点明确、论证严密,读起来有循序而渐进之感。书中系统阐释了以钢铁为代表的终端用能部门低碳转型的典型特征事实,进而在一个能源-环境-经济复杂系统综合评估模型统一框架中探索了多维度约束目标下行业供给侧、需求侧转型路径优选与协同效益的综合评估。这一框架在一定程度上突破传统理论方法和分析框架的局限,完善了中国碳减排与大气污染控制的协同效益评估的理论方法和模型平台,其具有以下特点:(1) 耦合多个交叉学科模型方法,取长补短。既能自上而下地评估降碳目标对未来宏观经济的冲击影响,体现部门间互相传导反馈等中宏观尺度下钢铁产品需求端响应的信息,又能自下而上地刻画中微观尺度下钢铁行业生产系统和丰富的技术细节等生产供应端状况,克服单一方法的局限。(2) 强化了协同效应的价值化评估,丰富了降碳减污协同效益研究的内涵。运用宏观经济模型、人群健康影响评估模型和成本效益分析等方法,使得气候效益、环境效益、人群健康效益及社会经济效益的货币化表征更加清晰,易于比较,进而服务于多目标综合决策。(3)能对其他行业开展协同效益研究提供方法或思想的借鉴。更令人欣喜的是,针对当前高能耗、高排放行业多维约束下低碳转型分析的不足,本书的研究思路及模型框架还可延伸到其他"两高"工业及交通、建筑等重点用能行业。

2020年12月,中国海油集团能源经济研究院挂牌。作为中央企业智库,我们从组建之日就高度重视"双碳"领域问题研究,成立"碳中和研究所",牵头编制中国海油碳达峰碳中和行动方案,加强低碳政策跟踪分析,重视低碳信息平台建设,跟踪低碳行业技术动向,开展重大项目碳评等工作。面临百年未有之大变局,能源软科学研究呈现出新的发展态势,各界对软科学研究预期也更高,研究范式正在发生深刻变革,软科学研究既要出思想、更要有硬支持,要将软科学做硬。"海油智库"正在加快构建应对复杂环境、融入战略性和系统性思维,以及大数据、大模型支撑的前沿研究体系和软科学实验室,以拓展研究的广度和深度,提升研究水平,高质量支撑决策。

李博抒博士加入海油智库以来,发挥其专业所长,注重实干、努力探索,其踏实学风、务实作风受到同事充分认可。受邀为他的新作作序,希望博抒以此为新起点,更深入地开展能源转型及"双碳"等重点问题研究,并取得新的成果。

碳中和转型早已不是"可选项",而是如箭在弦的"必选项"。实现"零碳中国",需要未来数十年持之以恒的关键举措与实际行动。衷心祝愿本书的出版能为尽快落实碳中和转型提供思路和洞见,触发更多思维激荡和观点碰撞,推动各方共同努力实现深度变革。

王 震

中国海油集团能源经济研究院

前 言
FOREWORD

钢铁行业是我国国民经济的重要支柱产业,同时也是典型的高耗能、高碳排放行业,做好钢铁行业节能减排,对我国实现"双碳"目标具有重要意义。但钢铁行业降碳减污协同控制存在多重困难:首先,多项技术措施在过去已经得到较大规模的应用,具有成本有效性特征的节能减排潜力有待进一步挖掘;其次,氢能、生物质能等新燃料和超低碳炼铁、短流程炼钢、碳捕集与封存(carbon capture and storage,CCS)等新技术工艺不断涌现,但成本有效性存疑;最后,国家针对钢铁行业的气候和环境等多个约束目标之间存在复杂的协同和冲突关系,既增加了绿色低碳转型路径的不确定性,也缺乏对包括健康效益在内的成本效益的定量评估。过往研究大多局限于单一或少数节能减排措施的分析,较少从全行业、长周期和供—需端等多角度系统性评估降碳减污路径并作出技术优选,更缺乏对降碳减污多维度目标约束下引起的社会成本和协同效益的综合评估。

本书所涉研究[①]构建了适用于中国钢铁行业降碳减污协同效益的综合评估模型框架。这一框架以自底向上的能源技术优化模型为核心,从供给侧评估清洁低碳技术演化路径;与自顶向下的可计算一般均衡(computable general equilibrium,CGE)模型进行软连接,从需求侧评估全行业对钢铁产品的需求变化趋势;与温室气体—空气污染相互作用和协同效应(Greenhouse Gas-Air Pollution Interactions and Synergies,GAINS)模型软连接,评估钢铁行业绿色低碳转型的降碳减污作用;与人群健康影响评估模型结合,评估转型

---

① 本书研究内容得到国家自然科学基金青年科学基金项目(编号:71704005)和国际应用系统分析学会(IIASA)暑期青年科学家项目(YSSP)(编号:71811540349)的资助与支持。

的健康效益。与此同时,研究还结合协同效应测度、成本有效性、成本效益分析等主流环境经济学方法,更全面地评估转型的各类技术的成本有效性、多维降碳减污目标的协同度及各类措施和目标的成本效益。基于所构建的模型框架和研究方法,本书研究内容在评估2020—2060年中国钢铁生产端自发性技术进步和消费端需求变化对能耗及污染物排放影响的基础上,探究钢铁行业实现降碳减污的技术可行空间和路径优选方案;对碳达峰、碳中和与大气污染控制多维度目标约束下钢铁行业实现深度减排所需的非常规技术开展前瞻性分析,并进行成本有效性分析和成本效益分析,以期为相关决策提供参考和支持。

本书从酝酿构思到写作完成历时数年,尤其得益于在北京大学求学和工作期间的长期学术研究积累。近些年在中国海油集团能源经济研究院从事碳中和相关行业实践与研究,更帮助加深了对能源低碳转型、绿色发展新范式的理解与把握。

感谢北大的两位导师张世秋老师、戴瀚程老师,犹记得这些年与恩师相识相伴的情景,成为他们的学生是我科研路上的最大幸运。承蒙中国海油集团能源经济研究院王震院长等领导专家的悉心指导,其深刻洞见、独特创见和战略远见也为本书提供了重要启迪。

在本书的撰写过程中,得到了北京大学环境科学与工程学院的众多同窗好友、能源经济研究院碳中和研究所各位领导和同事的大力支持与帮助。为了提升本书,与他们多次就模型构建、情景分析和行业领域认知等方面进行了深入探讨,得到了大量极有建设性的建议。华东理工大学出版社马夫娇主任专业细致的编辑工作更为本书增色不少。值此付梓之际,谨向所有关心支持本书的朋友们致以诚挚谢忱!碳达峰碳中和研究是一个跨学科的新兴领域,作者研究和认识仍存在很多不足,书中难免有疏漏和不当之处,恳请读者和同行不吝赐教。

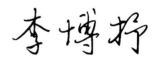

2024年5月于中海油

目　录
CONTENTS

第1章　绪论 ·· 1
1.1　实施降碳减污协同减排的现状与挑战 ··············· 1
 1.1.1　中国面临温室气体减排与大气污染治理的双重挑战 ········ 1
 1.1.2　温室气体排放和大气污染紧密关联 ················· 3
 1.1.3　中国钢铁行业减污与降碳协同增效的研究需求 ········· 4
1.2　钢铁行业降碳减污转型路径的新研究范式 ············ 8
 1.2.1　关键问题 ································· 8
 1.2.2　技术路线 ································ 10
 1.2.3　情景逻辑 ································ 12
 1.2.4　创新之处 ································ 13

第2章　相关研究与文献评述 ························· 15
2.1　协同效益的理论研究 ··························· 15
 2.1.1　协同效益的概念界定 ······················· 15
 2.1.2　协同治理的内在逻辑 ······················· 16
 2.1.3　协同效益的分类 ·························· 17
2.2　协同效益评估的方法学评述 ····················· 19
 2.2.1　相关研究工具综述 ························ 19
 2.2.2　不确定性和敏感性分析在能源环境模型中的应用 ······ 24
2.3　基于协同效益评价结果确定政策方案的分析框架 ······ 25
 2.3.1　成本有效性分析 ·························· 25
 2.3.2　成本效益分析 ···························· 25

2.4 钢铁行业降碳减污协同效益及实现路径的研究进展 ……… 26
    2.4.1 研究重点的演进历程 ……… 26
    2.4.2 重点研究内容和方向 ……… 27
2.5 本章小结 ……… 30

第3章 中国钢铁行业降碳减污协同效益综合评估模型框架 ……… 33
3.1 本研究所涉及的钢铁行业边界 ……… 33
3.2 模型框架与模型构建 ……… 34
3.3 宏观经济影响模块 ……… 36
3.4 钢铁产品需求预测模块 ……… 37
3.5 能源技术优化与选择模块 ……… 39
    3.5.1 建模思路 ……… 39
    3.5.2 目标函数 ……… 39
    3.5.3 约束条件 ……… 40
    3.5.4 气体排放的计算边界 ……… 40
    3.5.5 技术路径的设定 ……… 41
    3.5.6 技术选择和替代 ……… 46
3.6 协同效应测度模块 ……… 49
3.7 协同效益评估模块 ……… 50
    3.7.1 成本有效性分析 ……… 50
    3.7.2 成本效益分析 ……… 51
    3.7.3 健康影响与效益评估 ……… 51
3.8 模型数据库和数据来源 ……… 54
    3.8.1 数据库组成及来源 ……… 54
    3.8.2 关键参数的分析与设定 ……… 55
3.9 本章小结 ……… 58

第4章 需求侧调整对中国钢铁行业降碳减污的影响评估 ……… 59
4.1 主要用钢行业对钢铁消费需求的基本情况 ……… 59
    4.1.1 2020年中国钢铁行业整体运行概述 ……… 59

|　　4.1.2　用钢行业的界定及近年钢材消费情况 ………………………… 61
4.2　情景设定 …………………………………………………………………… 63
4.3　未来钢铁需求及生产结果 ………………………………………………… 64
|　　4.3.1　相关行业钢材消费需求变化及原因 ………………………… 64
|　　4.3.2　未来粗钢生产预测 …………………………………………… 73
4.4　不同生产需求影响下钢铁行业能耗和排放结果 ………………………… 75
|　　4.4.1　能耗与碳排放变化 …………………………………………… 75
|　　4.4.2　大气污染物排放 ……………………………………………… 76
|　　4.4.3　降碳减污协同效应的测度结果 ……………………………… 77
4.5　本章小结 …………………………………………………………………… 78

第5章　中国钢铁行业实现降碳减污协同增效的技术路径优选 …………… 80

5.1　实现降碳减污协同增效的未来路径选择 ………………………………… 80
5.2　待考察技术的筛选 ………………………………………………………… 82
5.3　情景设定 …………………………………………………………………… 82
|　　5.3.1　情景概述 ……………………………………………………… 82
|　　5.3.2　各情景具体设定 ……………………………………………… 83
5.4　结果分析 …………………………………………………………………… 86
|　　5.4.1　情景之间的原燃料消耗对比 ………………………………… 86
|　　5.4.2　降碳减污效果比较及供给侧技术转型 ……………………… 92
|　　5.4.3　技术路径的成本有效性 ……………………………………… 99
|　　5.4.4　结果敏感性分析 ……………………………………………… 102
5.5　本章小结 …………………………………………………………………… 103

第6章　中国钢铁行业实现碳中和与大气污染协同控制的成本效益分析

…………………………………………………………………………………… 106

6.1　钢铁行业面临气候和环境多重约束 ……………………………………… 106
|　　6.1.1　碳达峰、碳中和目标 ………………………………………… 107
|　　6.1.2　二氧化硫控制目标 …………………………………………… 108
6.2　情景设定 …………………………………………………………………… 109

6.3 结果分析 ·· 110
    6.3.1 碳达峰碳中和目标的环境协同效果分析 ················· 110
    6.3.2 碳中和与大气污染控制多重约束目标的降碳减污效果
         分析 ··· 116
    6.3.3 不同目标约束的成本效益分析 ······························ 119
6.4 本章小结 ··· 128

第 7 章 主要结论 ··· 130

参考文献 ··· 134
附录 A 主要符号对照表 ··· 149
附录 B 中国钢铁行业去产能政策的气候与健康协同效益研究 ·········· 153
附录 C 钢铁行业降碳减污相关政策措施 ···································· 196
附录 D 模型的主要参数设定 ·· 202

图目录
CONTENTS

图 1.1　1990—2018 年中国与主要工业国家二氧化碳排放量 ········ 2

图 1.2　1978—2018 年中国能源消费总量及化石能源构成 ·········· 3

图 1.3　钢铁行业上中下游产业的关联性 ·························· 6

图 1.4　钢铁生产流程概述 ······································ 7

图 1.5　本研究的技术路线图 ···································· 11

图 2.1　降碳减污协同治理的目标 ································ 17

图 2.2　碳减排政策的健康效益评估的思路框架 ···················· 18

图 2.3　用于协同效益评估的两类模型方法 ························ 19

图 2.4　CGE 模型的演化历程 ···································· 20

图 3.1　中国钢铁行业降碳减污协同效益综合评估模型的各模块构成 ···· 35

图 3.2　本研究界定的气体排放的计算边界 ························ 41

图 3.3　IMED|TEC 模型对钢铁行业技术路径及相互关系的模拟 ······ 42

图 3.4　IMED|TEC 模型对技术相互关系的表征 ···················· 47

图 3.5　IMED|TEC 模型中技术替代的原理 ························ 48

图 3.6　2016—2017 年各季度（Q）钢铁企业主要原燃料价格 ········ 56

图 4.1　2019—2020 年中国钢铁行业基本运行情况 ················ 60

图 4.2　2010—2020 年主要用钢行业钢材消费情况 ················ 62

图 4.3　2020—2060 年不同政策预期下中国钢材消费需求量 ········ 64

图 4.4　2020—2060 年不同政策预期下重点用钢行业的钢材消费结构 ···· 66

图 4.5　2020—2060 年建筑业钢材需求变化及影响因素 ············ 67

图 4.6　2020—2060 年制造业钢材需求变化及影响因素 ············ 69

图 4.7　2020—2060 年不同政策预期下粗钢库存和净出口量变化 ···· 73

图4.8 三种情景下粗钢产量预测及国内外研究预测结果比较 ………… 74
图4.9 不同产量情景下钢铁行业能源消费和碳排放变化 …………… 75
图4.10 不同产量情景下钢铁行业大气污染物排放量 ………………… 77
图4.11 钢铁产量变化下降碳减污协同效应测度结果 ………………… 78
图5.1 2020—2060年不同技术路径情景下废钢和铁矿石消费量 …… 87
图5.2 2020—2060年不同技术路径情景下球团矿、烧结矿和焦炭消费量 ……………………………………………………………… 89
图5.3 2020—2060年不同技术路径情景下终端能源消费总量 ……… 90
图5.4 2020—2060年不同技术路径情景下终端能源消费结构变化 …… 91
图5.5 2020—2060年不同技术路径情景的降碳减污效果 …………… 93
图5.6 2010—2016年中国和日本吨钢可比能耗比较 ………………… 94
图5.7 2020—2060年不同技术路径的吨钢气体减排量优先排序 …… 95
图5.8 2020—2060年不同技术路径情景下钢铁供给侧技术结构变动 …………………………………………………………… 96
图5.9 高炉和非高炉炼铁工艺的对比 ………………………………… 98
图5.10 2020—2060年不同技术路径需要的总成本投入变化 ………… 99
图5.11 2030年和2060年不同技术路径的单位减排成本 …………… 101
图5.12 技术普及率变化对降碳减污效果的敏感性分析 ……………… 103
图5.13 贴现率变化对成本有效性的敏感性分析 ……………………… 104
图6.1 不同研究对中国钢铁行业二氧化碳排放的预测结果 ………… 108
图6.2 2020—2060年碳中和情景下钢铁行业能源消费和强度变化 …… 111
图6.3 2020—2060年碳排放约束相关情景终端能源结构变化 ……… 112
图6.4 2020—2060年碳排放约束相关情景电力和氢能利用结构变化 …………………………………………………………… 112
图6.5 2020—2060年碳中和情景下四种气体排放量及强度变化 …… 115
图6.6 2020—2060年碳中和情景下钢铁生产技术和结构变化 ……… 116
图6.7 2020—2060年碳中和与空气污染多约束目标下气体排放及强度变化 ……………………………………………………… 117
图6.8 2020—2060年碳中和与空气污染多约束目标下能源和技术结构

　　　　变化 ·· 118
图 6.9　各约束目标情景与基准情景相比的成本投入 ················· 121
图 6.10　中国钢铁行业实现气候和环境约束目标避免的早死人数及健康
　　　　效益 ·· 123
图 6.11　各约束情景与基准情景相比获得的气候效益 ···················· 124
图 6.12　钢铁实现碳中和与空气污染控制目标的成本效益分析 ········ 125
图 6.13　针对健康效益和气候效益评估结果的敏感性分析 ············· 127

表目录
CONTENTS

表 1.1　中国与主要工业国家(G7)碳减排时间表 ……………………… 2
表 1.2　本研究的情景设计架构 …………………………………………… 13
表 2.1　自顶向下与自底向上模型的主要差异 ………………………… 21
表 2.2　多种自底向上模型的比较 ………………………………………… 21
表 3.1　下游用钢部门与 IMED|CGE 模型的部门映射关系 …………… 38
表 3.2　IMED|TEC 模型可设定的约束条件 …………………………… 40
表 3.3　能源在钢铁行业生产过程中的应用 …………………………… 43
表 3.4　模型中高炉产能规模的划分及对应的 2017 年生产设备数和实际产能 …………………………………………………………………… 44
表 3.5　模型中转炉产能规模的划分及对应的 2017 年生产设备数和实际产能 …………………………………………………………………… 44
表 3.6　模型中电弧炉产能规模的划分及对应的 2017 年生产设备数和实际产能 …………………………………………………………………… 45
表 3.7　粗钢生产主要工序单位产品能源消耗限额 …………………… 45
表 3.8　本研究中炼铁和炼钢工序产能规模的单位能耗限定值 ……… 46
表 3.9　$PM_{2.5}$ 引起的致死健康效应评价终点和暴露—反应系数取值 …… 52
表 3.10　本研究采用的中国 VSL 参考值及区间 ………………………… 54
表 3.11　本研究所用的碳社会成本取值 …………………………………… 56
表 3.12　排放因子的设定 …………………………………………………… 57
表 4.1　根据不同国家碳排放政策预期设定的三种情景概述 ………… 63
表 5.1　实现中国钢铁行业降碳减污协同效益的路径方向 …………… 81
表 5.2　钢铁行业实现降碳减污协同效益的 5 种情景设置概述 ……… 83

表 5.3　产能管控情景下淘汰落后产能的技术参数 ·················· 84

表 5.4　优化生产流程情景下废钢比的参数设定 ···················· 86

表 5.5　钢铁主要工序大气污染物排放标准与超低排放改造标准的比较
　　　 ··· 94

表 5.6　世界主要钢铁生产国长流程和短流程炼钢占粗钢总量的比例 ····· 97

表 6.1　中国钢铁行业发展的主要约束性政策指标 ················· 107

表 6.2　2020—2060 年钢铁二氧化硫控制目标假设 ················· 109

表 6.3　多约束目标下钢铁行业实现降碳减污协同增效的情景设置描述
　　　 ·· 109

表 6.4　多约束目标下钢铁行业降碳减污协同增效的成本效益分析框架
　　　 ·· 119

第 1 章
绪 论

1.1 实施降碳减污协同减排的现状与挑战

1.1.1 中国面临温室气体减排与大气污染治理的双重挑战

化石能源的大量消耗已经引起全球气候变暖,进而引发土地利用、陆地水系统及生物多样性的巨大变化,使得自然灾害频发,对人类生存与发展构成严重威胁[1]。新型冠状病毒感染(COVID-19)大流行引起全球经济活动放缓,2020 年全球二氧化碳(CO_2)排放量曾出现明显下降,但 2021 年全球与能源相关的二氧化碳排放量反弹至 363 亿吨,同比上涨 6%,超过了新型冠状病毒感染暴发前的水平,创下历史最高纪录[2]。全球仍朝着到 21 世纪末温升超过 3℃的可能性发展,远超 2015 年《巴黎协定》所规定的"将全球升温幅度控制在 2℃内,并致力于实现 1.5℃温控目标"的目标[3]。作为全球最大的能源消费国与温室效应气体(greenhouse gas,GHG)排放国(图 1.1),中国的节能减排行动将对全球减排路径和目标实现产生巨大的影响。

2020 年 9 月,习近平主席在第 75 届联合国大会一般性辩论上提出中国"二氧化碳排放力争于 2030 年前达到峰值,努力争取 2060 年前实现碳中和"的目标①。相比西方主要发达国家从"碳达峰"到"碳中和"过渡期有 40~60年,中国仅有 30 年时间(表 1.1)。这意味着,中国需要采取更快和更强有力的

---
① 来源:http://www.gov.cn/xinwen/2020-09/22/content_5546168.htm。

政策和措施,以提高国家自主贡献(Nationally Determined Contributions, NDCs)力度,并实现能源和经济转型、温室气体减排、碳中和等应对气候变化的目标。

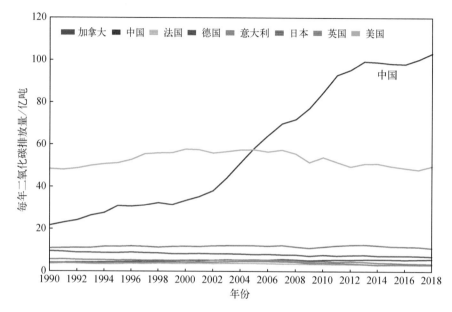

图1.1　1990—2018年中国与主要工业国家二氧化碳排放量

注：数据来源于参考文献[4]。

表1.1　中国与主要工业国家(G7)碳减排时间表

国　家	碳达峰时间	碳中和承诺时间	过渡期/年
中　国	2030	2060	30
日　本	2012	2050	38
美　国	2007	2050	43
意大利	2007	2050	43
加拿大	2007	2050	43
英　国	1991	2050	59
法　国	1991	2050	59
德　国	1990	2050	60

注：碳达峰时间来源于参考文献[5],其他由作者根据公开资料整理。

中国社会经济自改革开放的四十多年来实现了快速增长,其突出表现是国民生产总值(Gross Domestic Product,GDP)总量持续性增加,人口规模不断扩大,城镇化率和工业化水平不断快速提高。但长期粗放型经济增长模式也带来了化石能源过度使用、各类环境污染及气候恶化等问题。中国在2018年的一次能源消费总量达到了47.2亿吨标准煤(tonnes of coal equivalent,TCE),约为1978年的8.3倍(图1.2),特别是21世纪以来,复合年增长率达到6.7%[6]。2020年中国化石能源在一次能源消费中占比达到83.7%。

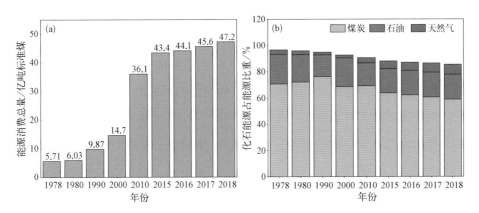

图 1.2　1978—2018年中国能源消费总量及化石能源构成

注:(a)能源消费总量;(b)化石能源构成。数据来源于国家统计局。

需要注意的是,在转化和最终使用过程中,化石燃料会同时产生CO_2、二氧化硫(SO_2)、颗粒物(PM)、氮氧化物(NO_x)、臭氧(O_3)、挥发性有机物(VOCs)和重金属等污染物。中国现已成为全球最大的SO_2、NO_x和PM排放国,大气污染物SO_2、NO_x和PM的浓度均高于世界卫生组织(World Health Organization,WHO)发布的安全水平[7],由此带来了一系列的环境与公共健康问题[8,9]。例如,农村地区因散煤取暖和生物质能的直接利用带来的室内大气污染影响了当地居民健康[10]。而在人口和工业密集的城市区域,集中使用化石能源加重了大气污染[11],使中国东部和中部地区的雾霾天气频发[12],引起了公众的极大关切。

1.1.2　温室气体排放和大气污染紧密关联

大气污染控制和温室气体减排这两大挑战之间具有密不可分的联系。发达国家20世纪70—80年代进行了大规模环境治理,取得显著成效。随着人类活动对气候变化的影响的科学证据越来越多,全球行动应对气候变化逐步成为共识,控制碳排放以应对气候变化成为发达国家工业化完成且环境污染问题已经得到控制之后最重要的事情。一般而言,这些国家的温室气体排放和大气污染问题并非同时表现,因此治理大气污染和减少碳排放一般被看作两个不同的问题。但当下在中国,这两个问题却需要被同时面对。

中国的能源结构在过去四十年以高碳化石能源为主,其消费体量大、比例高。只是近几年因可再生能源发展和能源密集型行业节能减排趋严,这一比例才终于有下降的趋势①。2020年中国煤炭消费在能源结构中的比重为56.8%。这样的常规能源使用结构导致大气污染和温室气体排放的绝大部分具有同源、同根、同过程及同步性[13]。这种显著的同源性在工业制造、电力和交通部门表现得尤为突出。三大部门2017年碳排放和SO_2污染分别高达全国总排放的37.4%、44.4%、7.9%和53.6%、21.1%、6.0%[14,15],将是未来实施协同治理的关键领域。

除此之外,政府间气候变化专门委员会(Intergovernmental Panel on Climate Change,IPCC)的第四次评估报告[16]从环境科学的视角提供了用来证明气候变化与大气质量问题高度相关的证据,认为二者是通过大气气溶胶紧密结合在一起的。此外,越来越多的环境科学领域研究表明,地表的大气污染物浓度对边界层的温湿度、通风、沉降均十分敏感,气候变化也能影响空气质量。实际上,削减大气污染物和温室气体排放不仅在实施方案上具有一致性,从结果看也很可能有"加乘"效果[17]。但过去很长一段时间内,无论是学术研究、政策制定还是技术选择,均缺乏从系统角度对两种排放实行协同治理。

1.1.3 中国钢铁行业减污与降碳协同增效的研究需求

要全面评估减污降碳政策措施的协同影响,首要考虑的便是选择以什么样的分析视角才能抓住问题的本质。本研究之所以从行业视角入手,原因有

---

① 根据国家能源局《2021年能源工作指导意见》,2021年煤炭在一次能源消费结构中的比重下降到56.0%。

以下两方面:

一方面,基于行业实施节能降碳减污协同增效方案在国际上能源环境治理领域一直被视为重点方向,从特定行业和产业的角度,优化各行业的大气污染治理和温室气体减排措施,有助于推动国家及全球层面的协同效益实现。另一方面,中国的环境管理制度、目标和政策等,也多对具体行业提出管控目标,如能源消费和污染物排放总量控制、能源效率提升目标等,以及各种管控措施,如淘汰落后产能、行业准入标准等。这些目标和政策都作用于行业层面。从重点行业视角探讨协同减排路径是中国的焦点之一。

结合行业相关数据的分析,本研究选择钢铁行业为研究对象,探讨典型行业层面的温室气体减排和大气污染物控制的协同影响问题,主要是基于如下行业选择依据。

1.1.3.1 钢铁工业耗能高、污染物排放量大、环境影响突出

中国钢铁行业发展代表了中国经济发展中明显的"粗放式增长"特征。具体而言,高能耗、高投入、高污染和低效的产业结构,使其成为全国范围内主要的能耗、温室气体和大气污染物排放来源[18]。不同规模的企业环保水平参差不齐,不少企业的节能环保设备尚需进一步升级改造,远没有做到污染物全面稳定达标排放。虽然吨钢能耗逐年下降,但仍然很难抵消因钢铁产量持续增长所导致的能耗和排放的增长。第二次全国污染源普查公报[19]显示,钢铁行业在 SO_2、NO_x、PM 等大气污染物排放量和挥发酚、氰化物等水污染物排放量上均位居全国工业源的前三位,单烟粉尘排放量一项就占工业比例超过三分之一,是中国大气污染的主要贡献者,尤以京津冀、长三角等钢铁产能密集区域最为突出。钢铁产能位居前 20 位的城市的 $PM_{2.5}$ 平均浓度比全国高 28%,空气质量排名相对较差的后 10 位城市中均有钢铁企业。钢铁行业成为打赢蓝天保卫战的主战场,其绿色发展刻不容缓。

1.1.3.2 钢铁行业是国民经济的基础性、高产业关联性支柱产业

作为一国工业化发展水平的标志,钢铁是基本工业材料和使用最多的金属材料,对于仍处在快速城市化进程的中国来说,这个行业最能反映出未来中国工业发展的特征和趋势。即便对于美国、日本等已完成高度工业化的国家,尽管钢铁产业地位有所下降,但无论是从保证国家经济体系完整性,还是发展

范围经济①的考量,钢铁行业始终是不可或缺的基础性工业部门。

钢铁行业在国家宏观经济中另一大特征是具有高度的产业关联性(图1.3)。一方面,钢铁行业与上游的采矿、能源、机电设备供应等工业紧密联系;另一方面,又与钢材加工、汽车制造、船舶制造、基础设施建设、电器等各种设备制造业、建筑业等下游行业存在着极其密切的关系。不仅如此,钢材等终端产品还需要利用仓储和运输系统,及时提供给最终用户使用,因而又与交通行业产生关联。除此之外,钢铁生产过程中的钢渣、矿渣、余热、煤气等副产品,本身就属于对应的副产品行业,促使钢铁行业与这些相关行业相互促进、共同发展。总之,钢铁行业的未来发展应该考虑各产业之间的高关联度,放在国民经济整体的发展背景下来思考。

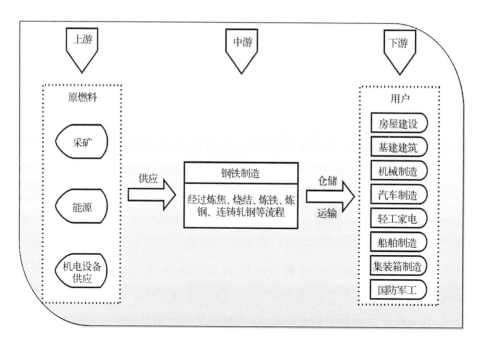

图1.3　钢铁行业上中下游产业的关联性

1.1.3.3　钢铁行业具有典型的流程工业的特性

流程型行业是指生产过程通常包含了具有一定先后顺序组成的工序流

---

① 范围经济,指当一家企业同时生产多种产品的成本小于多家企业分别生产的总成本时,一家企业把产品生产领域扩展到其他关联产品将可以带来成本的下降和整体效益的提高。

程,不同工序存在着明显的上下游关系,每个工序投入的原燃料会对下游生产造成明显的影响,上一个工序的中间产品又会成为下一个工序所必需的原料,环环相扣。各种要素投入的多少与所选择的工序流程(如不同的技术装备)结合在一起,污染物排放也主要在整个生产过程内部产生。因此,要实现行业绿色低碳发展,应该聚焦工序流程本身。流程型行业大多是重要的原材料制造部门,钢铁、水泥、纺织、冶金、建材、化学化工、机械设备制造等行业均属于流程型行业。

在典型的钢铁生产流程(图 1.4)中,各工序包含了一个或多个不同的生产单元,不断发生物质及能量的交换,同时这些相对独立的不同工序之间能够串联耦合或者并联竞争,互相协调和反馈,最终构成流程集成制造,产出最终工业品。钢铁制造过程就是这样一个由多个生产单元组成工序、不同工序组合形成流程的连续性、流程型的生产过程。钢铁生产具有工序流程长、改造空间大的特征,不仅不同生产单元与上下游工序之间的衔接和配合十分重要,而且还需要从全流程着眼解决好流程优化问题。绿色技术在钢铁行业的应用空间,除了单个生产设备和工序技术创新外,还包括工序变革和整体流程的优化。

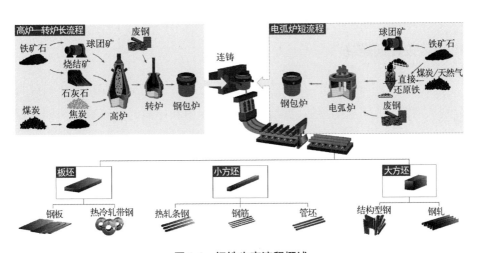

图 1.4　钢铁生产流程概述

注:作者根据世界钢铁协会网站(www.worldsteel.org)资料整理翻译。

综上所述,钢铁行业是中国工业体系最重要的基础和支柱行业之一,连接众多上下游产业,也是当前能源环境治理的前沿阵地,探索碳排放与大气污染物排放协同治理路径并先试先行,是带动我国工业绿色转型的关键所在。

1.2 钢铁行业降碳减污转型路径的新研究范式

钢铁行业在为中国经济社会发展做出巨大贡献的同时,也产生了大量温室气体和大气污染物排放,具备协同控制的巨大潜力。在"十四五"期间乃至未来更长时间内,碳达峰、碳中和、建设"美丽中国"愿景等生态文明目标具有一致性,能源、气候和环境约束性指标无疑将进一步加强,如何实现二氧化碳减排与大气污染物控制的协同增效,是中国钢铁行业绿色发展能否实现的关键。

本研究旨在评估中国钢铁行业在多重能源环境目标约束下大气污染与二氧化碳治理措施的协同影响,构建适用于高能耗行业多目标约束下协同治理的综合分析方法,为相关行业选择更具有协同效益的降碳减污路径提供建议,为行业管理者开展协同控制效果评估提供科学支撑,并为制定相关政策提供参考依据。

1.2.1 关键问题

为实现上述研究目的,在构建相关的研究框架与方法的基础上,本研究将分别从钢铁行业需求侧预估、供给侧优化与碳中和导向的降碳减污协同效益评估三个方面,提出如下关键科学问题:

(1) 如何预测"双碳"背景下考虑行业关联的中国未来钢铁需求量?需求侧调整将带来何种体量的降碳减污成效?

随着碳中和与环保等政策取向愈发明确,钢铁需求侧必将产生结构性变化,由此将对钢铁产品的质量和数量产生深刻影响。此外,需求侧结构性转变又将驱动 CO_2 和大气常规污染物(SO_2、NO_x 和 $PM_{2.5}$)排放变化。对需求结构变动与相应消费侧转型进行效益评估是十分必要的。

(2) 如何评估各单一目标约束下的钢铁行业供给侧技术优化带来的气

候、环境、经济协同潜力？怎样遴选出最优技术发展路径？

钢铁行业可供选择的节能、降碳、减污技术不断涌现，其适用环节、实施效果、技术成熟度和成本有效性各异。在满足未来钢铁供给的前提下，需要整体判断和比较钢铁供给侧各类典型技术措施的降碳减污协同潜力和成本有效性，以遴选出用更小成本实现更优减排效果的最佳"双减"技术路径。

（3）如何评价碳中和与环境治理多维目标交叉约束下中国钢铁行业产生的气候、经济、环境与健康效益？需要何种政策安排得以实现多重效益？

钢铁行业发展将长期面临碳达峰、碳中和与大气污染控制等多维目标约束，需要进一步明晰钢铁行业在实现国家和行业目标过程中的具体转型成本。并且，除了产生降碳减污的生态效益外，评估由转型产生的公共健康效益具有重要政策价值。

针对以上问题的回答，将揭示中国钢铁行业需求、供给双侧的降碳减污潜力空间、实现碳中和的具体路径选择及相应的经济、环境与健康效益，将为我国钢铁行业全面向绿色低碳转型提供关键理论借鉴。

本研究深入钢铁行业，旨在探究行业内温室气体与大气污染物协同降低的潜力空间与路径选择。基于此，本研究主要包括以下三个部分的内容。

（1）钢铁行业降碳减污协同研究的方法学构建

科学评估钢铁行业各类政策措施产生的协同效益的重要前提是拥有合适的定量化计算和分析工具。本研究首先构建了一个基于钢铁流程型工艺技术，评估工艺技术全周期协同影响，针对钢铁行业实施的多种能源环境措施和技术选择方案进行分析和定量评估的方法学框架。

该框架以自底向上的能源技术优化模型为核心，按照原燃料—工艺—流程—产品构建行业的技术结构，串联起当前和计划在未来实施的行业降碳减污技术政策，还耦合进了生产设备规模、生产过程全生命周期排放等技术细节。由于在进行行业技术体系模拟时，产品的服务需求、不同技术路径下工艺流程的技术参数等一般会具有较高的敏感性和不确定性，本研究综合应用了敏感性分析，允许关键参数在各自取值范围内变动，从而可以更好地明确研究结果的鲁棒性。

(2) 钢铁行业降碳减污协同治理的潜力空间分析与技术优选

钢铁环境政策体系包含了大量的与技术推广、淘汰落后有关的以行业技术改进为目标的措施手段。针对这些手段,本研究不再局限在数量有限的若干项重点技术评估,而是系统考虑了企业技术系统的复杂性和技术间的匹配依存关系,搭建了系统且完整的钢铁生产技术链条,紧接着将协同效益测度纳入技术评估,基于成本效益分析来识别不同技术路径的优先推广的时间顺序,建立能够同时满足减污和降碳协同效益的技术优选清单。现实中技术改进政策的导向、实施力度、措施变动都会引起协同效益发生新的变化,本研究对其变化的不确定性进行了分析。

(3) 基于成本效益分析,定量评估多个气候环境目标对钢铁行业温室气体与大气污染物排放影响及实现路径

除技术政策外,国家对钢铁行业削减温室气体和大气污染物排放还制定了不同的强制性约束目标。本研究综合考虑了减污和降碳工作中多个环境目标之间的协同作用,定量评估这些关键环境政策的协同影响,将总量控制目标分解到具体实施路径,从而探索出同时实现各约束性控制目标的关键途径及其成本有效性。

1.2.2 技术路线

本研究的技术路线如图 1.5 所示。研究的整体思路及对应的章节安排是:第 2 章首先评述了现有降碳减污协同效益研究的特点和待改进之处,分析了针对钢铁行业开展相关研究需要解决的重点问题。根据上述总结,第 3 章结合本研究拟解决的研究问题,构建本研究的方法学框架,构建中国钢铁行业降碳减污协同影响综合评估模型。

为回答钢铁需求侧变化对中国钢铁生产及其能耗排放产生何种影响,第 4 章梳理了当前中国钢铁行业消费和需求的基本情况;再借助多模型耦合对 8 个下游行业的未来钢铁需求进行了预测,探讨分析了需求变动的可能原因;还对钢铁库存和进口量进行了估计,最终预测得到了钢铁产量的变化结果。在此基础上,对产量变化引起的能耗、二氧化碳和大气污染物排放变化进行模拟,最后利用协同效应测度结果,归纳总结了需求侧变动对降碳减污的影响。

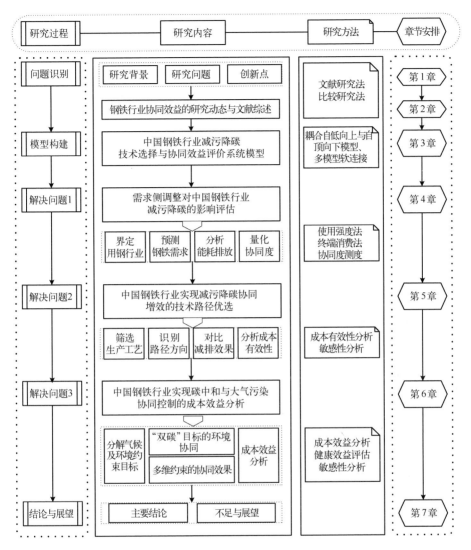

图 1.5 本研究的技术路线图

为回答钢铁生产过程中的工序改进、流程优化或尽早应用先进技术所能带来的降碳减污潜力，以及通过技术路径组合所提升的协同效益，第 5 章归类梳理了实现钢铁行业二氧化碳减排和大气污染协同控制的主要路径及可选技术，分为产能压减、技术升级、末端强化、用能优化、流程替代等五大路径；利用本研究的模型方法定量模拟不同路径调整及技术变动的减排量影响，识别协同效应大小；将技术评估的结果纳入成本有效性的分析框架，提出技术优选清单;通过调整技术参数的取值对评估结果进行不确定性和敏感性分析。

为回答在实现钢铁行业碳排放和大气污染治理的多重约束目标下的降碳减污协同效果与成本,第6章以钢铁行业能源、环境、气候多重目标为依据设定情景,识别实现目标的关键路径及其成本;将降碳减污带来的健康影响货币化,基于成本效益分析讨论不同目标对协同效益的影响;对影响成本效益评估的关键参数进行了不确定性和敏感性分析。

第7章归纳总结了本研究得到的重要结论,并针对不足之处提出未来研究的建议。

从研究的理论意义上看,本研究构建基于行业与产业关联的研究框架分析和评估行业协同效益的情景和路径,为当前主要以具体技术或单一约束政策为主要研究对象的协同效益主题研究作出补充和扩展。

从研究的方法学上看,本研究比较详尽地刻画了中国钢铁行业温室气体及大气污染物的产生、排放和治理整个过程所涉及的行业技术体系,并基于自底向上模型思想,构建了能够将协同控制落实到具体的技术选择和治理措施的能源技术模型。本研究对工艺技术全周期协同影响的定量模拟,可以补充现有的技术评估研究,可为其他系统综合评估模型提供行业模块或设计思路,还可延伸应用到其他重点排放行业。

从研究的现实意义上看,本研究基于行业视角研究降碳减污的协同效益,对协同控制 SO_2、NO_x、$PM_{2.5}$ 等大气常规污染物和以 CO_2 为代表的温室气体,有助于决策者更为全面认识政策实施的成本和效益,可以为行业制定基于协同效益实现、具有成本有效性的降碳减污战略和政策提供依据和参考。

1.2.3 情景逻辑

本研究既针对中国未来经济社会及用钢行业发展阶段特征进行了以钢铁需求变动为导向的深入减排分析,又以实现"双碳"目标和大气污染控制约束为导向进行了政策模拟,分析长期减排目标倒逼下的钢铁行业降碳减污协同控制的技术路径、成本和效益。为此,本研究在第4~6章分别设计了不同情景,以回应各自的研究问题(表1.2)。详细的情景设定参数参见下文有关章节的"情景设定"部分。

表 1.2　本研究的情景设计架构

切入点	设 计 思 路	情景数量	对应问题	对应章节
需求侧	依据我国未来不同气候环境治理强度、社会经济发展变化,对未来的钢铁需求变化进行估计	3	研究问题1	第4章
供给侧	在第4章结果的基础上,比较钢铁供给侧五大类典型技术措施的降碳减污协同潜力和成本有效性	6	研究问题2	第5章
多约束目标	在第5章结果的基础上,模拟达成针对钢铁行业碳中和与大气污染协同控制等多个约束性目标的技术可实现性,并对可行路径的成本效益进行分析	4	研究问题3	第6章

1.2.4　创新之处

本研究构建了中国钢铁行业降碳减污协同影响综合评估模型体系及其分析框架,丰富完善了我国二氧化碳减排与大气污染控制的协同效益评估的理论方法和模型平台。该模型体系以自底向上的能源技术优化模型为核心,集成耦合了多种污染物排放模型和经济健康模型,同时综合运用了环境经济学的成本与效益评估方法,开展了多角度、多目标的集成分析与综合评估。这一方法体系除具备目前主流能源优化模型的规范框架和优势外,还具有如下特点和改进:

(1) 通过软连接的方式耦合集成自底向上的能源技术优化模型与自顶向下的 CGE 模型,构建了适用于中国钢铁行业降碳减污协同影响与效益分析的综合评估模型框架。针对以往单一模型分析视角不全的不足,本研究将两类模型取长补短,既能自上而下地评估降碳目标对未来宏观经济的冲击影响,体现部门间互相传导反馈等中宏观尺度下钢铁产品需求端响应的信息,又能自下而上地刻画中微观尺度下钢铁行业生产系统和丰富的技术细节等生产供应端状况。从 CGE 模型获得的主要钢铁消费行业发展趋势,有助于从需求侧评估用钢行业在多维气候环境目标约束下对钢铁产品的需求变动情况,再综合考虑钢铁库存、进出口等影响要素,是对当前钢铁产量预测方法的改进,提高了结果的可靠性。同时,技术优化模型从成本优化的角度,在综合对比大量常规技术及非常规结构优化措施优劣的基础上,细化了分时间阶段更具成本有效性的技术路径方案,供产业政策适时调整参考。

(2) 将健康影响纳入协同效益的定量评估中,丰富了降碳减污协同效益研究的内涵。$PM_{2.5}$短期和长期暴露均会增加人群健康风险,如今人口老龄化加快又导致空气污染相关的超额早逝病例较以前大幅增加。钢铁行业降碳减污协同治理所带来的更优空气质量将增加公共健康效益,但目前尚比较缺乏对包括健康效益在内的行业转型成本效益的定量评估。针对这一研究不足,本研究所构建的综合评估模型还集成了GAINS模型、人群健康影响评估模型等多学科交叉方法,提供了更直观可比的健康协同效应的货币化表征;再利用协同效应测度、成本有效性、成本效益分析等主流环境经济学方法,可以帮助决策者从全社会视角综合权衡实施方案的经济合理性。实现气候变化与空气改善目标的健康效益远超过其成本这一研究结论,凸显了今后加强健康效益协同分析的重大现实意义,将帮助识别健康效益更大的政策组合。

(3) 用全局性、长周期和行业供需两端的新视角,更全面地重新认识了碳中和与大气污染控制多维度目标约束下的重点行业转型优先路径,可为实施更有效的环境管理决策提供科学支撑。从环境管理角度看,提升降碳减污协同效益的关键在于科学识别并尽早落实双控行动方案。在以往研究侧重的常规减排技术的基础上,本研究还重点考察了当前和未来钢铁供给侧更有协同潜力的前沿性非常规技术选择,并兼顾了钢铁终端需求调整这一重要变量,建立了多种路径选择与模型测算逻辑之间的联系,通过工艺技术全周期协同影响的定量模拟,为已有协同控制技术评估作了补充。针对高能耗行业多维约束下净零转型分析的不足,本研究的研究思路及模型框架还可延伸应用到其他"两高"行业,以期为重点行业降碳减污的环境决策提供更坚实的科学依据。

第2章
相关研究与文献评述

针对上一章提出的研究问题,本章基于文献调研,评述了相关研究及进展,分别从协同效益的理论研究、协同效益评估的模型方法研究、将协同效应/效益纳入政策决策的方法、多个环境目标和政策措施约束下钢铁行业实现降碳减污协同效益的路径研究等方面进行评述和分析。

2.1 协同效益的理论研究

2.1.1 协同效益的概念界定

任何一项政策或措施的实施,通常而言,都需要综合考量其预期效益和相关代价(成本)。不仅要包括直接的效益和成本,还需要把"协同效益"在内的间接效益与成本考虑进去。

"协同效益"的概念源于针对某项政策或措施所进行的成本效益分析,也可理解为,实施一项政策或措施后的正的外部性。随着全球对气候变化的认知和应对行动加快,与气候政策相关的协同利益的研究也随之兴起。IPCC 在 2001 年气候变化第三次评估报告中提出,气候政策实施能促进其他相关问题的协同解决,如区域空气质量提高、降低能源依赖等,由此附加产生的正向影响可称为协同效益。经济与发展合作组织(Organization for Economic Co-operation and Development,OECD)则更重视协同效益的货币化属性,指出协同效益是在温室气体减排政策实施过程中应该明确考虑并加以货币化的部分。亚洲开发银行

(Asian Development Bank,ADB)则从全球和区域不同空间视角对协同效益加以区别：从全球尺度看，协同效益是指气候减缓措施引起的超越温室气体减排目的之外的附加效益；而区域视角还应考虑应对气候变化对当地经济社会的积极影响。由此可知，基于不同的研究对象和目的，各研究机构对协同效益有着不同的定义[20,21]。但不难看出，国际机构普遍将气候行动引起的减排效益视为主要效益，将节能治污、社会福利增加、改善人群健康等当作次生效益或负效应。

实际上，在进行政策制定和相关研究时，更应强调不同效益之间的互相影响。在英文文献中，协同效益对应"co-benefit""ancillary benefit""secondary benefit"及"side benefit"等多种表达方式。其中，"co-benefit"比其他术语更为恰当，因为它更着重于一项政策执行后所同时产生的多种影响，淡化了主次之分。2014年，IPCC的第五次评估报告[22]又修改了对协同效益的定义，认为应对气候变化政策具有多目标性，相互之间很难被区别开来。因此，对有关政策应开展全面的评估，以实现最大限度的协调效益。

综合上述背景，本研究所界定的降碳减污协同效益的概念是指基于能源环境政策措施或行业技术体系促进二氧化碳和大气污染物的共同减排，以及由此引起的其他正向效益（如健康或经济效益）的综合。

2.1.2 协同治理的内在逻辑

随着协同效益研究的深入，不同的证据均表明协同效益不仅存在而且重要。从传统上分别针对大气污染物或温室气体减排进行分析、评估和政策制定的范式，逐步转向将温室气体减排和局地大气污染物控制放在一个统一的框架或者管理机制下，协同治理应运而生[23]。在中国，2011年《国家环境保护"十二五"规划》首次纳入了"环境协同治理"这一概念。目前，人们对协同治理的认识已不只局限在理论层面，而是更多地将其纳入各国环境及气候政策和国际公约之中，重视付诸实践。

大气污染控制与温室气体减排之间的关系可以归纳为协同效应（co-benefits）和冲突效应（trade-offs，也有人将其称为"权衡效应"）①两种。协同效

---

① 本书倾向于用"冲突效应"，原因在于，冲突效应的本质，指的是一种污染问题的解决或者所获得的效益，是以更多地排放另一种污染物为代价的。

应指的是应对某一种污染问题的同时也减少了对另一种污染物的排放;冲突效应指的是一种污染问题的解决或者所获得的效益是以更多地排放另一种污染物为代价的。因此,协同治理的首要目标应该是尽可能地发挥协同效应,规避冲突效应。

在协同治理的框架内,措施或手段是协同治理的重要实现载体[24],因此,选择什么样的治理措施,如何正确地使用,将会影响到协同治理的成效。这意味着,选择治理措施的目标是实现协同治理,除了保证措施的合法性,包括实施主体权责、程序等,还要探求措施的最佳性,包括效益、效率、成本及可接受程度等。

在降碳减污方向上,国内外研究已逐渐形成了一种关于协同治理的共识:温室气体与大气常规污染物具有同源性,但并非所有的治理措施都能取得治污减排的效果,如图2.1中的碳捕获与封存技术、末端治理技术等。因此,这就为协同治理提出了新的目标:第一,识别和选择与降碳减污措施相互配合的措施或手段,避免冲突;第二,实现温室气体和大气污染物协同减排还应兼顾经济利益。

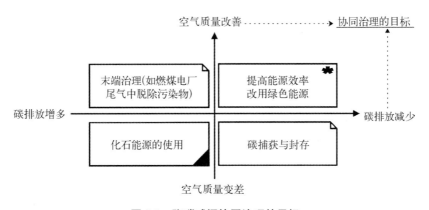

图 2.1　降碳减污协同治理的目标

2.1.3　协同效益的分类

CO_2 和大气常规污染物排放量减少及相应污染浓度降低,通常是执行减排措施的最直接结果,因而受到学界和决策者普遍关注[25]。同时,计算出的减排量和浓度变化,也为进行进一步的健康影响评估等提供依据。

健康效益是日益受到社会重视的协同效益类型。按照图2.2所示,目前普遍采用的健康效益评估方法是利用空气质量模拟模型将污染物减排量转换为浓度降低程度,再根据暴露—反应曲线或其他流行病学研究结果建立污染浓度和健康效应评价终点(health endpoint,HE)之间的定量关系,最后通过支付意愿(willingness to pay,WTP)、疾病成本(cost of illness,COI)、人力资本等方法可将对应评价终点的健康效应货币化。

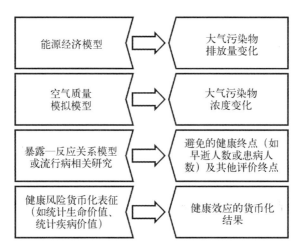

图2.2 碳减排政策的健康效益评估的思路框架

选择用健康影响的物理量或价值量来表征协同效益的重要区别是,前者通常用如致死人数、致死率、寿命损失、患病人数、患病率等指标表征,尽管能让公众和决策者产生直观的效果感觉,但其量纲无法与其他效益及成本结果直接比较,对决策的现实意义比较有限。故而很有必要进一步将HE用统计生命价值(value of statistical life,VSL)、统计疾病价值(value of statistical illness,VSI)等环境价值估计的方式货币化获得健康影响的价值量[26]。

但上述评估方法具有很大的不确定性[27,28]。例如,限于数据可得性,不得不将流行病学的调研结果或VSL估计值"转换"为数据来源地区以外的其他地区。此外,现有健康效益研究难以充分体现污染物对人群健康的全面影响,只能聚焦于常见的或已知的健康影响[29]。

此外,一些相关文献还发现了实施气候和环境政策对经济社会的协调效益,包括保障能源安全、减少道路拥堵、推动循环经济等[30]。但针对此类效应的量化及货币化工具尚不成熟,故以定性研究居多。

2.2 协同效益评估的方法学评述

2.2.1 相关研究工具综述

根据第 1 章提出的研究框架,本节主要对现有研究中的两类模型方法进行综述,旨在为本研究搭建综合模型提供方法学依据(图 2.3)。

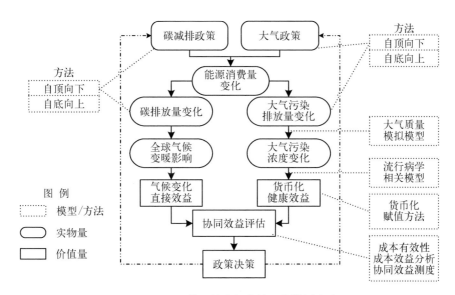

图 2.3 用于协同效益评估的两类模型方法

2.2.1.1 自顶向下模型

自顶向下(top-down,TD)模型是一类能够反映经济活动各要素及相互联系的经济模型。它以经济发展对行业部门的影响为切入点,能够分析宏观经济变动对能源供应和环境污染的影响[31]。

现今,绝大多数应用于能源—环境—经济(Energy-Environment-Economy,3E)领域的自顶向下模型都是建立在可计算一般均衡(CGE)模型基础上的。第一个 CGE 模型源自 Johansen 在 19 世纪 60 年代的研究[32]。在这项研究中,Johansen 首先设定了包含一个追求效用最大化的消费部门和 20 个追求成本最小化的产业部门,通过建立一组非线性方程和使用对数形式将这些方程线性化,然后对这些方程进行微分并利用简单的矩阵求逆得到比较静态结果。随后,CGE 建模理论及手段不断完善、计算机数值求解能力迅速提升,使得 CGE 模型的使用范围和深度得到了极大扩展(图 2.4)。

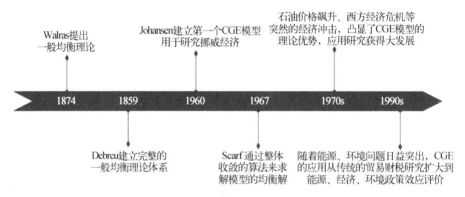

图 2.4 CGE 模型的演化历程

CGE 模型已经发展成为国家或地区尺度上分析多种经济决策的主流评估工具。特别是随着公众对区域和全球资源环境问题关注的日益加深,CGE 模型在 3E 领域的应用蓬勃发展,为制定温室气体减排政策提供了重要的决策支持[33-35]。

此外,一些研究还采用系统动力学[36,37]、计量经济实证分析[38,39]等方法,均属于自顶向下的建模思路。不过,这类方法大多是从历史数据中总结规律,虽能够反映出能源消费和排放的高相关性,但是却不能很好地说明影响机制,因而不适合预测未来趋势。

目前国际上比较成熟且应用较广泛的 CGE 的模型主要包括 GTAP (Global Trade Analysis Project)[40]、AIM/CGE (Asian-Pacific Integrated Assessment Model,AIM)[41,42]、WorldScan[43]、GEM-E3[44]、OECD ENV-Linkages[45]等。

2.2.1.2 自底向上模型

自底向上(bottom-up,BU)模型根据研究需求搭建清晰的技术和能源系统,通过模拟技术变化进而核算该种变化对环境和能源的综合效应。它与自顶向下模型最大的差异是对技术进行全面分解,蕴含了大量的技术信息(表2.1)。

表 2.1 自顶向下与自底向上模型的主要差异

分类	产生背景	方法	参数	技术表征
自顶向下模型	经济学	模拟、一般均衡	能源需求一般由模型内生	无清晰的技术实体,通过调整要素间的关系来间接表征
自底向上模型	工程	演化、局部均衡	能源需求、部门经济、GDP 变化为外生变量	能清晰地表征技术,用成本、能源消耗等参数直接描述技术特征

依据是否涵盖能源部门中技术信息的反馈,自底向上模型又可被划分为演化模型和优化模型两类[46,47](表2.2)。

表 2.2 多种自底向上模型的比较

名称	分类	区域	研究部门	工业产品	工业中间品	模拟燃料技术
LEAP	演化	中国	电力、钢铁、水泥、造纸、交通等	√	×	√
GAINS	优化	欧亚	全部门	√	×	×
MARKAL	优化	全球	全部门	√	√	√
AIM/Enduse	优化	全球	全部门	√	√	√
MESSAGEix	优化	全球	全部门	√	×	√

名称	模拟发电技术	模拟技术政策	模拟经济政策	决策者、消费者行为模拟	效益核算	协同效益
LEAP	√	√	√	×	×	×
GAINS	×	×	×	×	√	√
MARKAL	√	√	√	×	√	√
AIM/Enduse	√	√	√	×	√	√
MESSAGEix	×	√	√	×	×	×

对演化模型而言,能源供给和需求量、技术系统,是以外生输入的形式来实现,并通过对技术结构、能源结构或需求变化等设定情景,来反映相应情景

下的能耗和排放演化趋势。瑞典斯德哥尔摩环境研究所开发出的 LEAP 模型（Long-range Energy Alternatives Planning System）是最为典型的演化模型[48]。

优化模型是当前应用范围更广的自底向上模型。它通常以成本最小化为目标函数，寻求在同时满足一定的经济、能源、环境和技术约束下的技术路径的替代和选择过程，并核算得到在最优化技术方案下的能耗和排放结果。此类模型还被称为局部均衡模型，是因为其实现了能源部门的均衡[49]。这类模型包括 MARKAL[50]及其拓展的 TIMES（The Integrated MARKAL and EFOM System）[51]和 SOCIO-MARKAL[52]，GAINS[53]及其前身 RAINS（Regional Air Pollution Information and Simulation），MESSAGEix（Model for Energy Supply Strategy Alternatives and their General Environmental Impact）[54]，ERIS[55]，以及 AIM 模型中的能源系统子模型（AIM/Enduse）[56]等。

2.2.1.3 混合模型

自顶向下与自底向上模型各有所长，因此，在 3E 研究领域存在着将两类模型结合起来取长补短的思路，由此形成的模型系统被称为混合模型（hybrid model）。这种集成模型不仅能够模拟能源系统从生产到终端消费过程，还能分析各行业能源价格、宏观经济指标变化。从空间尺度看，混合模型多为全球、地区或国别的，开发基本均来自国际知名能源环境研究院所。针对中国的混合模型工具的研究尚处于初级阶段[57,58]。

按照自顶向下与自底向上模型在混合模型中的相对关系，可将混合模型分为三类：

（1）以自顶向下为主。这类模型基本优先保留了自顶向下模型的结构和算法，但对其技术信息进行了细化，如 WITCH（World Induced Technical Change Hybrid）模型[59-62]。具体方式是将替代弹性系数或自发能源效率改进率（autonomous energy efficiency improvement，AEEI）[63]等指标嵌入经济体系中，但技术细节远低于自底向上模型[64-67]。

（2）以自底向上为主。这类模型或者以更简单粗略的方式表征宏观经济系统，如 MARKAL 的拓展模型 MARKAL-MACRO[68]，或者按照自顶向下建模思想连接若干个自底向上模型,如 CIM 模型(Canadian Integrated Modeling System)[69,70]。

(3) 自底向上和自顶向下模型关系平等。两类模型直接相连,且均保持较好的详细程度,如 Schäfer 和 Jacoby[71]将 MARKAL 与 EPPA(Emissions Prediction and Policy Analysis)模型[72,73]连接。

按照自顶向下和自底向上模型的连接方式又可将混合模型分为两类:

(1) 软连接(soft link)。各模块并未组成单一整体。每个模型的计算有一定先后顺序,一个模型的输出结果经过适当处理,又成为另一个模型的输入数据。如前述的 MARKAL-EPPA 模型[74,75]。

(2) 硬连接(hard link)。各模块的统一整体性体现在该模型只有一套输入输出系统,无须对各模型之间的输入输出关系再进行转化。综合评估模型(Integrated Assessment Model,IAM)就是典型的硬连接模型。应用比较广泛的综合评估模型如下:

(1) IMAGE 模型,它包含九个研究不同问题的模块[76,77];

(2) AIM 模型,包括 AIM/Emission、AIM/Climate 和 AIM/CGE 三个模块[78];

(3) MERGE 模型,包含 Global 2000、Climate 模块和损害评估等同气候变化相关的各种模块[79,80];

(4) IIASA-WECE3 模型,由国际应用系统分析学会(International Institute for Applied Systems Analysis,IIASA)与世界能源委员会(World Energy Council,WEC)合作开发,包括 SCENARIO GENERATOR 模型、MESSAGEix 模型、MACRO 模型等八个模块[81];

(5) POLES(Prospective Outlook on Long-term Energy Systems),由多个相互连接的子模块构成的多层嵌套组成,能用于油气资源的发现和发展过程的仿真[82-84];

(6) NEMS(National Energy Modeling System),由美国能源信息署和能源部开发,包含国际能源市场、宏观经济、能源转换、供给和需求等 13 个紧密联系的模块,能用于检验新的能源项目与政策的影响,核算温室气体控制成本等[85];

(7) MAGICC(Model for the Assessment of Greenhouse gas Induced Climate Change),用来评估碳排放量、碳浓度及减排措施对气候变化的影响[86]。

2.2.2 不确定性和敏感性分析在能源环境模型中的应用

由于温室气体排放和大气污染物排放的各自及相互关系的高复杂性,加上研究者自身的认知和经验有限,往往对所研究对象、未来的环境和气候政策、宏观经济和社会发展态势的判断也不同,因此,利用模型进行降碳减污协同效益评估时,其结果不可避免地会具有一定的不确定性,并可能伴随着决策风险。

不确定性和敏感性分析是能源环境系统分析的重要手段,最早在20世纪70年代由O'Neill提出[87]。自19世纪80年代以来,Beck、Hornberger和Spear等人逐步建立起不确定性分析的基本框架[88-92]。同时,不确定性分析的应用范围,也由早期的河流水质问题,拓展到能源环境政策分析等多领域。进行不确定性或敏感性分析,通常有两种方法。

第一种方法是,先确定影响碳排放和大气污染物排放的关键因素,如能源结构、技术进步、政策强度等,再根据其变动可能方向,设置高、低两种不同的未来发展边界情形。这种方法的优点是运算速度快、操作简单,还可能揭示一定的政策含义。但缺点也很突出:设置边界范围的人为选择性比较强,且计算过程比较分散,很难看出当模型参数连续变化时对结果的影响,从而可能忽略了一些关键决策。

第二种方法是所谓群体量化分析的方式,即借助计算机模拟运算程序,使有关模型参数可能取值的情景数量呈数量级迅速增加,并对每个情景结果的合理性和可能概率进行评估。两种典型的群体量化分析方法是拉丁超立方采样[93]和蒙特卡洛方法[94]。基本原理是通过足够多次数的随机模拟来实现对模型结果不确定性的描述。具体的步骤可以概括如下:首先确定参数的取值范围和概率分布,各个参数在给定的范围内随机变化,然后通过足够多次的随机模拟,最后得到输出结果的分布情况。

2.3 基于协同效益评价结果确定政策方案的分析框架

针对气候变化和大气污染减排的政策措施研究主要包含两项工作：首先，对现有或未来一定时期内实施的政策的效果进行评价；其次，基于评价结果在可选的政策组合中确定政策实施方案或提出政策建议。上一节已经介绍了第一项工作的方法学。本节将重点评述第二项工作的分析框架。

2.3.1 成本有效性分析

成本有效性分析（cost-effectiveness analysis，CEA）是在研究者无须或无法对协同效益进行货币化处理的前提下，改为计算取得单位效果所需要付出的成本，从而对不同政策措施方案进行评价或比较的一种分析方法[95,96]。成本与效应/效果的比率，即定义为成本效应比（cost-effectiveness ratio，CER），数值越大，代表为取得一单位的协同效应所需要的成本越多，则该政策措施的可行性越小[97,98]。

成本有效性分析的优点是解决了无法进行效益货币化时对不同协同效应的选择问题。通过比较不同备选方案的成本、效果大小，成本有效性分析可以选出成本与效果比最好的方案，但其结果仅用来说明不同政策相互之间的优先排序问题，不能判断该政策能否获得直接的货币收益[99,100]，因此成本有效性还需要和其他协同效益评价分析框架相结合[101]。

2.3.2 成本效益分析

成本效益分析（cost-benefit analysis，CBA）的基本做法是将当前或未来实施的政策措施的成本效益货币化，再对其进行成本和效益上的比较和评价。从 20 世纪 70 年代开始，成本效益分析的方法在发达国家的水、大气污染物控制，自然资源保护等领域得到了广泛的应用。Nordhaus 最早利用成本效益分析评估气候政策。他以每个时期的 CO_2 浓度为优化目标，设计了优化算法来计算不同方案的成本[102,103]。

常见的 CBA 评价指标包括两个方面：（1）收益成本比（benefit-cost ratio，BCR），是指每单位成本所能引致的货币化收益。计算公式为收益与成本的比值。如果该比值大于1，说明收益大于成本，则该政策措施是可行的。BCR 的结果还可以用来比较不同措施之间的优劣程度。这一指标仅能说明某个政策措施的成本和收益孰大孰小。（2）净效益（net benefit，NB），是指政策措施实施后所能获得的净利润。计算公式为收益总和减去成本总和。与 BCR 相比，NB 不仅可用于比较不同政策的优劣，还可以表征政策措施的获利水平。对于多年期的政策措施，由于不同年份的货币价值有差异，因此需要对成本和收益的净现值进行贴现。所谓贴现率，是将未来资金折为现值所采用的利率。选择不同的贴现率，会对 BCR 和 NB 的结果产生影响。

利用自顶向下和自底向上模型进行碳减排成本效益分析时，除了上述两个指标外，还引入了其他辅助政策措施评估的指标。

在自顶向下模型的分析中，对碳减排成本效益分析结果通过"无悔"或"最优"概念反映在决策中。"无悔"政策是指气候政策实施后导致与政策对应的所有效益和成本相等，即净效益为零。"最优"政策则是指能够产生最大净效益。

在自底向上模型的相关分析中，还使用边际减排成本（marginal abatement cost，MAC）来反映技术减排潜力和减排经济性[104-106]。它是指在一定生产水平下，每减少单位碳排放所带来的产出的减少量或投入的增加量[107]。同 MAC 对应的是二氧化碳或其他污染物的影子价格（shadow price），它表示每减少一个单位排放导致的收益或产出的变化量[108]。MAC 在辅助气候政策决策时的优点是灵活直观，但由于它是一个静态的概念，不能反映技术的渗透率[109]。

2.4 钢铁行业降碳减污协同效益及实现路径的研究进展

2.4.1 研究重点的演进历程

学界对钢铁行业的关注和研究大概经历三个主要阶段：

（1）在第一阶段，学者们逐渐认识并识别出钢铁行业在减少能源消费和温室气体排放方面蕴含着巨大的潜力[110,111]。

（2）在第二阶段，随着公众对亚洲一些发展中国家空气质量恶化事件关注的增加，学者们开始将空气污染物排放的问题纳入协同效益的研究框架中[112]。许多研究的视线聚焦在提升技术水平这一关键问题上。从最初的借助安装节能装置以实现能源节约，到复杂技术的系统集成[113]，以及引入末端治理技术和废物回收利用技术来实现清洁生产[114]。

这些研究的通常做法是利用自底向上模型善于刻画技术细节的优势，模拟不同技术选择对能源服务生产过程的影响，以计算对环境改进的影响和成本。最终所选择或推荐的技术或技术组合对行业政策具有一定的借鉴意义[115]。模型方法包括 LEAP[116]、MARKAL[117]、TIMES[118]、AIM/Enduse[119] 和 MESSAGEix[120] 等。

（3）现实中政府制定政策不仅只考虑减排和减污量，还会被人群健康、宏观经济影响等因素左右。在第三阶段，为探索更大范围的协同效益，跨学科的研究方法逐渐被开始使用[121,122]。实现协同效益的路径也从技术进步向工业结构调整等结构性措施转移。在讨论结构调整这类综合性政策如何影响区域能源消费时，单一模型很难满足更准确估算的研究需求[123-125]。为解决这一问题，需要构建一个能够反映政策、能源、排放、健康和经济嵌套关系（Policy-Energy-Emission-Health-Economics Nexus，PEEHEN）等多因素的全新的研究框架（见第 3 章）。

2.4.2 重点研究内容和方向

在以钢铁行业为主要研究对象的协同效益研究文献中，学者们主要关注的研究问题与方向包括以下几大类。

2.4.2.1 影响钢铁行业排放的驱动因素

促进降碳减污协同控制的重要前提，首先是要对影响温室气体和大气污染物排放变化的深层次因素进行挖掘，以便指导促进协同效益提升的努力方向。

通常的看法是：排放变化受一国的生产水平、技术发展水平、能源结构、经济结构和人口结构及增长速度等诸多方面的综合影响[126,127]。但各因素的驱动力大小,受国别、行业差异影响。因此,对排放影响因素进行分解,定量地分析各种因素变化对排放变化的作用,已成为一种行之有效的技术方法[128,129]。

分解排放驱动因素的基本思路是:根据 IPAT 类恒等式[130]与 Kaya 恒等式[131]等能源恒等式,先构建排放量与影响因素之间的数量关系,再对应分解排放变化[132]。比较常见的方法主要有两种:指数分解分析(index decomposition analysis,IDA)与结构分解分析(structural decomposition analysis,SDA)。IDA 还可分为 Laspeyres 和 Divisia 两大类。SDA 方法利用投入产出法,使用范围相对更广。方法学介绍可进一步参考有关综述研究[133-136]。

具体到钢铁行业,Sun 等人[137]利用对数平均 Divisa 指数分解法(Logarithmic mean divisa index,LMDI)研究了 1995—2007 年中国钢铁工业 CO_2 排放的驱动因素,结果表明碳排放降低的最主要驱动因素是能源消费效应,而钢铁产量效应则是碳排放增加的最主要贡献。Zhang 等人[138]利用 LMDI 方法追踪各种碳排放驱动因素的历史贡献和未来趋势,其研究发现,经济发展和人口增长是 CO_2 排放增加的最主要驱动力,而碳强度和工业能源强度是减少未来碳排放的首要考虑因素。类似的研究还有 Liu 等人[139]开发了 SDA 模型分析 2011—2013 年钢厂综合能耗变化的驱动因素、Wang 等人[140]针对中国 2005—2015 年钢铁行业大气污染物排放的影响因素分解等。

虽然以上研究考察的时间范围不尽相同,但总体上一致认为,钢材生产的增长对能源消耗增长起着重要作用,而技术工艺的发展则成为节能减排的重要推动力。利用指标分解的分析方法尽管可以清楚地划分出各种影响因素,并将它们的作用进行定量计算,但需要指出的是,分解结果所反映出的一些驱动力因素是相对明显和简单的。因此,很难对其背后的深层原因进行深入分析。

2.4.2.2 钢铁需求的驱动因素与预测方法

由于钢铁生产是能源消耗和碳排放的重要驱动力,对钢材的需求量和影响因素的研究也日益受到人们的重视。

(1) 驱动因素

一些学者根据日本[141]、波兰[142]、中国[143]等国钢材消费量的历史数据,对钢材需求进行了研究,发现钢铁使用强度(Intensity of Use,IoU,即生产单位产品的钢铁消耗量)①和人均 GDP 指标可作为衡量钢铁需求变化的主要因素。Crompton[144]分析了 OECD 26 个成员国家 1970—2012 年的面板数据,指出投资、城市化水平、工业化进程同样会对钢材的需求量有重要的作用。Zhu 等人[145]利用动态递归 CGE 模型考察环境治理对钢铁行业的影响,发现环境规制将使钢铁下游部门的需求下降,但钢铁使用的材料效率将长期得到提高。Kolagar 等人[146]借助增长模型、使用强度法和固定库存法对伊朗的钢铁需求进行估计,发现钢铁生产不仅与环境规划有关,还受炼钢原料(如废钢)稀缺性的限制。

(2) 钢铁需求预测方法

如上文所述,既然钢铁产量对行业能耗和排放量变化产生极大影响,那么预测未来钢铁需求是研究钢铁行业降碳减污的必要组成部分。典型常用的预测钢铁需求的方法包括使用强度法和终端消费法等[147,148]。

使用强度法是通过建立钢铁使用强度和 GDP 等宏观国民经济指标之间的相关性来推算未来钢铁的消费量[142]。终端消费法是从预测钢铁下游消费部门的未来需求量来汇总国家整体的钢铁未来需求,具体做法是利用下游部门的单位 GDP 钢材的使用强度和每个部门在 GDP 中所占比重分别预测汇总[149]。

2.4.2.3 钢铁行业协同效益的评估及实现路径

考虑到降碳减污的同源性,当前评估研究主要集中在污染物减排与温室气体排放的协同治理下减少气体排放量之间的协同效应,以及节能和污染物排放的协同控制等方面。绝大多数的已有研究一致认为钢铁行业具有巨大的协同效益和减排空间,是实现国家气候政策和污染控制政策的重点关注

---

① 使用强度 IoU 假设最初是由世界钢铁协会提出的,是指一个国家的金属使用强度的变化与经济的发展呈倒 U 形曲线关系,当经济发展到一定水平,产业结构向服务业转移时,产业部门所需要的金属物料就会减少,金属使用强度(单位产值所需要的金属)也就趋于平稳甚至下降。

部门[150-152]。

实现钢铁行业协同效益的途径主要可分为技术和结构两个方面。前者包括推广先进技术、强化末端治理等;后者则主要有能源结构调整、工艺流程替代及生产规模调整等方面。

He 和 Wang[153]通过广泛的文献调研,比较和总结了中国、日本和美国钢铁行业 158 项生产技术的节能潜力和成本投入。但这些措施实际的投资回报周期和节能效果也受当地原料、能源结构及钢厂规模等因素影响。Arens 等人[154]探讨了钢铁行业实现电力替代的可能性。鉴于各国可再生能源发电普遍不足,难以支撑净零排放的目标,建议制定路线图引导钢铁行业能源结构转型。Ren 等人[155]基于生命周期分析方法,对钢铁行业新涌现的节能减碳技术的减排潜力和边际成本进行核算,提出了要实现钢铁行业转型,短期应依赖技术进步、长期优先发展超低碳技术的建议。Li 和 Hanaoka[156]以中国钢铁厂为研究对象,模拟了去产能政策实施后现有钢厂淘汰及可能的新建钢厂选址情况,将行业排放通过降尺度模型分解到工厂层面,为合理规划钢铁行业布局提供依据。

总结协同效益实现路径的研究文献发现:(1)评估对象更侧重技术层面,对结构路径的研究明显不足;(2)过去对常规节能减排技术讨论已经很多,随着钢铁行业降碳减污技术不断涌现,新兴的颠覆性先进技术,如氢能炼钢、非高炉炼铁技术等,越来越受到研究者关注,它们与常规技术之间的减排效益比较和选择成为一个热点问题。

2.5 本章小结

本章主要对协同效益研究的基本框架、在特定行业(钢铁)实现协同效益的关键问题和路径选择等内容进行了系统梳理,前者包括协同效益的概念、评价方法、协同效益决策分析框架等内容,后者则涵盖钢铁行业降碳减污的研究脉络演进,重点论述了钢铁行业排放的影响因素、钢铁需求的驱动因素及预测方法、协同效益的实现路径和评估结果。主要研究发现如下:

(1) 对大气污染和二氧化碳协同效益的认知,已从过去单向的、有主次的,发展到双向关联,即二者同源共生互相影响;对协同效益的评价也从减排量及其成本扩展到人群健康影响和货币化的经济效益等方面。协同效益的相关研究已发展为一个综合性、跨学科的研究热点领域,特别对于中国同时应对气候变化和控制大气污染的国情而言,开展协同效益评价和实现路径选择的研究意义尤为重大,越来越得到学界和决策者的重视。

(2) 从研究方法的角度看,与国际有关的研究多采用模型工具为手段来模拟政策和技术路径,而对评估人群健康影响及其货币价值的研究也开始受到越来越多的重视。然而,针对中国特定政策、特定行业的研究,以比较分析技术工艺的单位减排潜力为主,利用模型开展行业系统分析的还比较有限,特别是能够反映中国典型部门特点和政策措施的模型方法还比较缺乏。

(3) 自顶向下模型和自底向上模型是开展协同效益研究的常用方法,各有利弊。前者常适用于因宏观经济变动而导致的能源供给与环境污染的改变,常用于经济政策措施的分析;后者通常包含了大量技术信息,适合分析行业政策对能耗和排放的影响。不确定性和敏感性分析对于提高模型结果的稳健性有着重要的作用,因此越来越多地受到协同效益研究者的重视和使用。

(4) 成本有效性分析和成本效益分析是基于评价结果在可选的政策组合中确定政策实施方案或提出政策建议的决策分析框架。前者解决的是无法进行效益货币化时对不同协同效应的选择问题;后者通过对效益进行估值,为决策者提供包括成本和效益在内的更全面的决策依据。

(5) 开展钢铁行业降碳减污的协同效益研究,有几个重点问题值得关注:一是明确影响排放的因素或重点环节有哪些;二是采用合适的钢铁需求预测方法;三是实现协同效益的路径包括技术、结构等多种途径,需要进一步结合适合的决策分析框架进行评价或优选。

为达成钢铁行业降碳减污协同效益评价和路径选择之研究目的,需要从系统论的角度出发,构建综合的研究分析框架。为弥补现有研究的不足,这一框架应该具备以下几个特点:(1)将多种模型工具的优点相结合,突破单一方法工具的局限;(2)强化协同效应的价值化研究,使气候效益、环境效益、人群健康效益及社会经济效益更加清晰化,具有较好的参考价值且便于比较进而服务于多目标综合决策；(3) 能为其他行业开展协同效益研究提供方法方案或思想的借鉴。

适用于复杂系统分析和多维政策评估的 3E 系统综合评估模型(IAM)是克服现有研究方法不足、同时具备上述特点和优点的分析框架。IAM 既能对钢铁流程型工业技术特点有比较清晰的刻画，又可以贴近现实政策环境，便于讨论政策措施或多重约束目标引起的协同效益的变动；同时，IAM 既能帮助定量描述二氧化碳和大气污染物相互之间协同效应或效益的大小，又可以进一步将结果纳入决策分析框架，优选出政策措施或技术路径。这将是本研究在下一章着重介绍的方法论问题。

第3章
中国钢铁行业降碳减污协同效益综合评估模型框架

本研究的核心工作之一是基于对行业技术、工艺流程与产出（包括经济与环境）的机制和效应的研究分析，构建中国钢铁行业降碳减污协同效益综合评估模型框架。该模型框架以自底向上的能源技术优化模型（Integrated Model of Energy, Environment and Economy for Sustainable Development | Technology Optimization, IMED[①]| TEC）为核心工具，并通过不断改进和软连接到CGE模型、GAINS模型、协同效应测度、成本有效性分析、成本效益分析等多种模型和分析方法而搭建起来。本章首先论述协同效益评价模型所聚焦的钢铁行业的研究边界、总体分析框架及特征；其次，重点阐述模型的七大组成模块及建模的主要步骤；最后，说明了支撑模型运行的数据库构成及数据来源。

3.1 本研究所涉及的钢铁行业边界

行业边界，又被称为系统边界，是指根据研究需要，对所研究的单一行

[①] 即能源—环境—经济可持续发展综合评估模型，由北京大学环境科学与工程学院能源环境经济与政策研究室自主开发。它是一套包括经济能源环境资源数据库和模型的体系，目的是以系统和定量的方法，在市区、省级、国家、全球尺度上，分析经济、能源、环境和气候政策，为相关决策提供科学支撑。关于IMED模型的更多介绍还可参考：http://scholar.pku.edu.cn/hanchengdai/imed_general。

业或多个行业集合的原燃料输入、生产流程、技术工序、产出产品的范围进行界定。根据《国民经济行业分类》(GB/T 4754—2017),钢铁工业包括两个子行业:一是黑色金属矿采选业,二是黑色金属冶炼和压延加工业。

但本研究从拟解决的科学问题出发,特别是汲取了前人研究中对钢铁行业界定可能考虑不足而导致研究结果存在偏差的经验,对所研究的钢铁行业边界进行了如下考虑:

(1) 黑色金属包括铁、铬、锰三种,从数据获取的便利性考虑,本研究只针对以铁元素为主要加工目标的钢铁行业,生铁、粗钢、钢材和铁合金这四大类是钢铁行业输出的主要产品。

(2) 本研究侧重于分析钢铁主要生产过程中的二氧化碳和大气污染物排放的协同效益,因此不考虑黑色金属矿石采选过程。

(3) 黑色金属冶炼及压延加工业由4个子行业组成,即炼铁、炼钢、钢压延加工和铁合金冶炼。但从钢铁生产的全生命周期来看,完整的钢铁生产过程,除了上述工序外,还包括烧结、球团、炼焦等重要环节。虽然炼焦行业通常归于石油加工、核燃料及炼焦加工业,但焦炭主要被用于炼铁过程。因此,本研究涉及的完整生产链包括原料系统、炼焦、烧结、炼铁、炼钢和轧钢六大环节。

3.2 模型框架与模型构建

本研究所构建的中国钢铁行业降碳减污协同效益综合评估模型框架(图3.1)是基于北京大学能源环境经济与政策研究室开发的 IMED|TEC 模型,针对典型行业降碳减污协同效益评价这一核心研究需求,并根据中国钢铁行业特点做出相应改进与拓展。本研究所构建的模型框架具有普遍适用性,能够为与钢铁行业相似的高污染、高排放、高能耗的流程型工业(如水泥、造纸、金属制造等)开展协同效益综合研究提供借鉴。

为实现综合评估政策、能源、排放、健康和经济(PEEHEN)效应的目的,

第3章 中国钢铁行业降碳减污协同效益综合评估模型框架

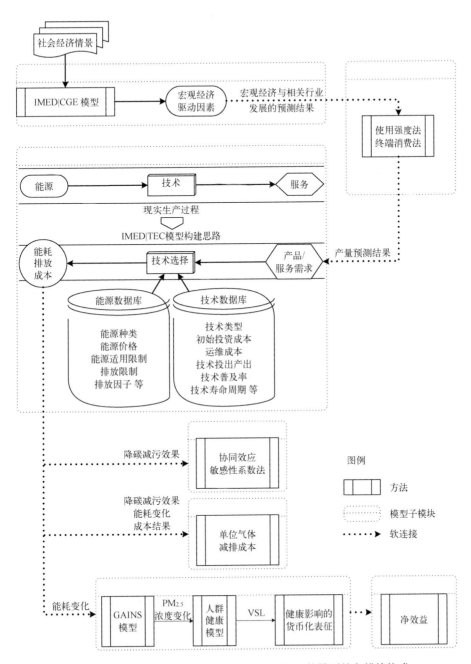

图 3.1 中国钢铁行业降碳减污协同效益综合评估模型的各模块构成

模型不仅要能模拟钢铁生产单元,刻画出全生产过程中原燃料和最终产品之间的相互作用,并获得能耗和排放变化的计算结果,还要能够对行业多种降碳减污约束目标、政策措施和技术路径从协同效应、协同效益等多视角做出评价,以便服务于政府和企业决策。下面将分别介绍该模型各组成模块的建模过程。

3.3 宏观经济影响模块

模型涉及的主要宏观经济参数包括人口规模、产业结构、GDP、各相关行业的工业产值和增加值、钢铁产品的进出口规模等。对未来宏观经济走向的预测主要是利用北京大学环境科学与工程学院能源环境经济与政策研究室自主开发的全球多部门、多区域动态CGE模型(IMED|CGE)[①]的评估结果(图3.1中"宏观经济影响模块")。

本研究中IMED|CGE模型的基础假设,遵循符合共享社会经济途径(shared socioeconomic pathways, SSPs)中的"中间路径"(middle of the road, SSP2)情景的相关设定[②]。之所以选择SSP2路径,是因为该路径特点是温和的经济增长,相比其他SSPs路径,能够更好地将温室气体排放与社会经济发展联系起来。

---

① IMED|CGE模型的详细技术性介绍可参见 http://scholar.pku.edu.cn/hanchengdai/imedcge。

② IPCC在典型浓度路径(representative concentration pathways, RCPs)基础上,于2010年提出了SSPs,共有5种路径,即可持续路径(sustainability)SSP1、中间路径(middle of the road)SSP2、区域竞争路径(regional rivalry)SSP3、不均衡路径(inequality)SSP4和化石燃料为主发展路径(fossil-fueled development)SSP5,覆盖了全球社会经济发展的可能途径与情景。SSPs的提出,不但推进了气候变化风险的定量评估研究,也为制定科学的社会经济发展政策、实现联合国可持续发展目标提供了参考依据。

3.4 钢铁产品需求预测模块

如第2章介绍,使用强度法和终端消费法是进行钢铁产品未来需求量预测常采用的方法。前者常借助宏观经济变量,如计算单位GDP的工业品消费强度与投资比例等社会经济变量的比例关系;后者则是从下游消费部门视角,通过工业品在全部消费部门的消费量与产量之间的关系来推算未来的工业品需求量。后面这种方法很依赖工业产品消费量在不同部门下游消费数据的可得性[157-159],如Zhang等人[160]通过建立水泥产量与建筑、公路、铁路等下游消费部门的钢铁消费量的强度关系,来预测江苏省各地级市2015—2030年的水泥需求量。

鉴于历史数据的可得性及为提高结果的可靠性,本研究将结合使用强度法和终端消费法各自优点,来预测中国未来的钢铁需求量(见图3.1中"产品/服务需求预测模块"),计算公式分别见式(3.1)和式(3.2)。

$$Q_d = \sum_i Q'_d = \sum_i \frac{va}{p} \times \frac{Q'_d}{va} \times p \tag{3.1}$$

$$Q_d = \sum_i Q'_d = \sum_i \frac{prod}{p} \times \frac{Q'_d}{prod} \times p \tag{3.2}$$

其中,Q_d为钢铁总需求量;Q'_d为用钢部门i的钢铁需求量;va为在该部门的增加值(value added);p为人口;$prod$为该部门的钢铁使用量。具体预测步骤如下:

(1) 分析历史数据,识别出中国钢铁的主要使用部门包括房屋建设、基础设施建设、机械制造、汽车制造、船舶制造、集装箱制造、轻工家电和国防军工等8大部门,再将这些下游部门和IMED|CGE模型中的部门分类建立起映射

关系(表3.1)。

表3.1 下游用钢部门与 IMED|CGE 模型的部门映射关系

下游用钢部门(i)	IMED|CGE 模型的部门设定
房屋建设 基础设施建设	建筑
机械制造	机械制造
汽车制造 船舶制造 集装箱制造	运输设备制造
轻工家电 国防军工	电子制造

（2）根据《钢铁工业统计年鉴》《钢铁产业发展报告》《钢铁行业运行情况》等数据源，获得自2000年以来钢铁产品在上述部门的消费量、库存量和进出口实物量变化。

（3）利用 IMED|CGE 模型预测得到的8大下游用钢部门的增加值、进出口价值量等结果和人口、城镇化率等国家宏观数据，以及第（2）步获得的历史数据，计算出钢铁在下游部门的使用强度，并根据历史趋势判断未来的强度变化，最后与未来宏观经济变量结果相乘，即可得到未来的钢铁国内需求量。

（4）中国是世界上最大的钢铁出口国。钢铁需求预测不仅要包括本国的钢铁需求，还应将国际贸易因素考虑进来，兼顾钢铁作为全球重要的贸易商品这一特点。因此，本研究根据历史趋势还考虑了钢铁产品的库存量和进出口量变化，最后得到钢铁未来生产量，如式（3.3）所示。

$$Q_p = Q_d + Q_i - Q_e + \Delta Q_s \tag{3.3}$$

其中，Q_p 为钢铁生产量；Q_d 为钢铁需求量；Q_i 为钢铁进口量；Q_e 为钢铁出口量；ΔQ_s 为钢铁库存量的变化量。为便于预测钢铁进出口量和库存量变化，本研究假设2020年起钢铁净进口量和库存量占总钢铁产量的比例在未来基本保持不变。

3.5 能源技术优化与选择模块

3.5.1 建模思路

模型以构建工艺技术流程系统为基本分析框架,模拟过程是对现实生产过程的逆推(见图3.1中"能源技术优化与选择模块"):

(1)由外部模型或情景分析得到能源服务需求量。此处的能源服务是指某种特定生产过程的最终产出,根据研究需要可以定义为具体、有形的工业产品(如本研究中各种钢铁产品),也可以以抽象、无形的服务(如商业部门中的制冷、制热服务,交通部门中的客运、货运周转量)来表征。

(2)能源服务需求是通过应用能源技术获得的。所谓的能源技术是指利用能源和资源产出能源服务的各种工艺设备,通过在模型中搭建能源—技术—服务这一关键链条,模拟行业整体的能源技术框架,再利用优化算法,选择低成本的能源技术并满足能源服务需求量。

(3)利用上述参数计算出运转能源技术所花费的各类能源消耗量、CO_2和大气污染物排放量,还能获得不同能源技术的被选择使用的情况。

3.5.2 目标函数

模型的目标函数为能源技术总成本最小化,计算公式见式(3.4)。总成本包括技术的固定投资成本、运行和维护成本、原燃料购买成本、排放温室气体或大气污染物可能引致的排放成本(如排放税、碳税)、使用化石能源可能引致的能源税或资源税。固定投资成本还需做年化处理。

$$TC = \sum \left(\sum_l IC_l \times \frac{a}{1-(1+a)^{-T_l}} + \sum_l OC_l + \sum_l EC_l + \sum_g Q_g \times TAX_g + \sum_e E_e \times TAXE_e \right) \quad (3.4)$$

其中,TC表示能源系统总成本;IC_l表示技术l的初始固定投资成本;OC_l表示技术l的固定投资成本;EC_l表示技术l的原燃料购买成本;Q_g

表示温室气体或污染物气体 g 的排放量;TAX_g 表示温室气体或污染物气体 g 的排放成本(如排放税、碳税);E_e 表示原燃料 e 的使用量;$TAXE_e$ 表示原燃料 e 的能源税或资源税;a 表示投资贴现率;T_l 表示技术 l 的使用寿命。

模型在通用代数建模系统软件(General Algebraic Modeling System, GAMS)中建模并用 CPLEX 算法器求解,能够以 1 年为步长动态分析所设定情景在中长期时间尺度内的技术成本变化,从而贴近企业实际生产情况。

3.5.3　约束条件

模型的数学函数为多约束单目标递归动态线性优化方程组。模型可设定的约束条件见表 3.2。模型输出结果为预测年的各能源技术使用数量和结构、能源消费量及结构、温室气体、大气污染物的排放量等,这些都可为分析能源环境政策影响和决策提供重要的量化数据支撑。

表 3.2　IMED|TEC 模型可设定的约束条件

约束对象	可设定上限	可设定下限
原燃料可用量	√	√
气体排放量	√	—
单一服务需求量	—	√
全社会总服务需求变化率	√	√
技术或技术组合的普及率	√	√
新增技术量或技术增长率	√	√
当年技术存量	√	√

3.5.4　气体排放的计算边界

本研究对钢铁生产的 CO_2 和大气污染物排放的核算,包括燃料排放、原料熔剂(炼焦煤、石灰石、白云石等)煅烧过程的排放及机组消耗的电力产生的排放量之和(图 3.2)。此外,由于还考虑了碳捕获技术和末端治理措施对气体排放的削弱作用,最终实际排放量要减去已削减的排放量。

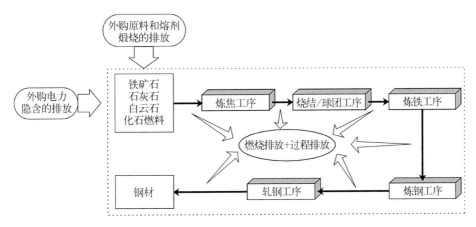

图 3.2 本研究界定的气体排放的计算边界

3.5.5 技术路径的设定

本研究将实现降碳减污的技术路径分为技术减排和结构减排。

3.5.5.1 技术减排

实现节能、降碳、减污，必然与所在行业的技术水平、工艺结构的变化有着极其紧密的关联。需要说明的是，不同于离散型行业（如建筑、交通等部门），作为流程型行业典型代表的钢铁行业在技术层面实现减排主要集中在源头削减、过程回收和末端治理等重点部分。通过对钢铁部门生产过程的掌握，IMED|TEC 模型以工艺技术为核心环节，建立起原料（如物料、能源等投入）—工艺技术—产品服务（产出）的系统模拟（图 3.3）。

在模拟时，首先，识别钢铁行业生产所需要的原料，匹配生产过程的全工序，并划分为若干子流程或技术。每个工序涵盖若干处于并行位置且具备相同功能的工艺技术（如图 3.3 中技术 b 和 b'）或流程（如图 3.3 中流程 1 和 2）。由一个或若干工序中的生产工艺组合生产出行业某种特定产品，从而确定原料—工艺的匹配关系。其次，参照上述对应关系，将适用的单项节能减排技术或污染物末端治理技术同生产工艺匹配，并识别最终的产品，形成完整的投入（如物料、能源）—工艺技术—产出（如产品、服务）系统图。生产工艺一般起到能源物质转化的作用，通常为某一流程中的主要生产技术或设备，不同的生产工艺和技术组合将影响能源消耗或气体排放水平，具体表现为行业整体能源消耗、碳排放和产污量的变化。

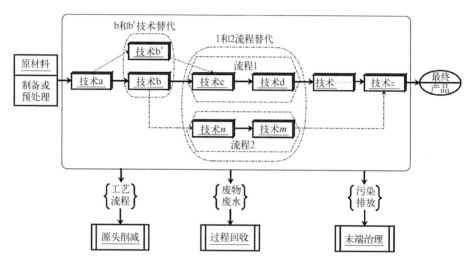

图 3.3　IMED|TEC 模型对钢铁行业技术路径及相互关系的模拟

3.5.5.2　结构减排

结构减排主要包括能源结构调整、工艺流程调整和企业规模结构调整这三类。

（1）能源结构调整

模型关注能源结构调整对协同效益的影响，主要基于以下两点考虑：（1）能源消耗是钢铁行业温室气体和大气污染的主要来源，能源使用量和结构问题是降碳减污的重要抓手；（2）包含能源在内的原燃料成本在钢铁生产成本中占相当大的份额，对中国来说，这一比例在 2017 年为 77.8%。无论是提高能源效率（可通过上节介绍的技术手段实现）还是改变能源结构，都会带来生产成本的降低与竞争力的提升。

为此，模型对能源的设定也针对性采取两种方式来实现。作为燃料的各种能源（如电力、生物质能），被认为是工序技术的投入品，其投入量和结构问题转化为模型的约束条件；作为还原剂的不同能源材料（如氢能），被认为是表征还原反应的不同技术的投入，其结构问题可以通过调整同类技术的占比来实现。具体如何定量化调整能源结构，将考虑钢铁行业政策等外部因素。

一次能源(煤炭、石油、天然气)和电力在钢铁生产过程中的应用有两种(表3.3),一是作为燃料,二是作为还原剂的能源材料,为工序中化学还原反应提供热量供应。

表3.3 能源在钢铁行业生产过程中的应用

能源种类	燃 料 用 途	还原剂用途
煤炭	—	生产焦炭、高炉喷吹
石油	蒸汽生产	高炉喷吹
天然气	各种工序炉、发电机	高炉喷吹、直接还原铁
电力	电弧炉、轧制、电机,还可细分为不同发电来源,如火电、绿电等	—
生物质能	各种工序炉、发电机	—
氢能	—	替代碳用作还原剂,将氢与化石还原剂混合后用于传统炼钢工艺,替代天然气用于附属工序(如加热炉)

(2) 工艺流程调整

钢铁行业被认为是流程型工业的典型代表,不仅是因为其复杂且漫长的生产工序层层嵌套,而且这些工序内部又能分解为不同的子流程及相应的更为底层的工艺技术,这就为刻画钢铁生产及其能耗和排放情况提供了新的视角,即工艺流程调整。

为反映钢铁行业的工艺技术组合(流程)及特征,模型通过建立技术组群(group)的方式来表征。在同一工序(如炼铁或炼钢)内部,长流程或短流程本质上存在"竞争"关系,都以产品生产为目的,但各自的投入产出及其过程排放大相径庭。因此,模型除了设定工艺技术在同一工序的占比,还设定流程的占比,以此来刻画工艺流程调整。

目前,炼铁工序主要包括两种流程:高炉长流程(blast furnace, BF)和非高炉长流程,后者主要包括直接还原炼铁(direct reduced iron, DRI)、熔融还原炼铁(smelting reduction iron, SRI)、闪速炼铁(hydrogen flash smelt, HFS)和熔融氧化物电解(molten oxide electrolysis, MOE)等。炼钢工序主要包括长短两种流程:前者是指传统的高炉—转炉长流程炼钢(blast furnace-basic oxygen furnace，BF-BOF)，后者则主要指废钢—电弧炉短流程炼钢（scrap-electric arc furnace，S-EAF)。

（3）企业规模结构调整

钢铁生产是大规模经济活动，产能规模通常与企业所采用的生产技术关联性很强，成为影响生产效率、资源利用率、能耗、碳排放和各类污染物排放量的重要因素。产能规模调整，是指依据去产能政策，针对重点工序设备的产能规模进行重新划分，参照一定标准逐步淘汰落后的产能设备。

通常来说，当生产规模越大时，钢铁企业才越有能力去部署更清洁高效的技术工艺。因此，提高产业集中度、鼓励企业做大做强，不仅有助于实现更大利润、减少经营风险，还对提升降碳减污效果颇有裨益。因而，在构建模型时，有必要根据产能规模来划分与之相对应的生产流程和工艺技术，这样才能更好地贴近现实。

根据国家去产能政策及钢铁行业发展报告[161]，产能规模调整主要是针对高炉炼铁、转炉炼钢和电弧炉炼钢这三种生产设备。在模型中，具体的产能划分及其对应的 2017 年生产设备数和产能情况如表 3.4~表 3.6 所示。

表 3.4　模型中高炉产能规模的划分及对应的
2017 年生产设备数和实际产能

高炉容积/m^3	数量/座	产能/万吨
（1）3000 以上	41	12660
（2）3000~2000	76	15172
（3）2000~1200	135	17227
（4）1200~450	452	36433
（5）450 及以下	213	11240

表 3.5　模型中转炉产能规模的划分及对应的
2017 年生产设备数和实际产能

转炉容积/m^3	数量/座	产能/万吨
（1）300 及以上	11	3599
（2）299~200	38	8131

续表

转炉容积/m³	数量/座	产能/万吨
(3) 190~120	315	43040
(4) 119~50	381	35214
(5) 49 及以下	126	6861

表 3.6 模型中电弧炉产能规模的划分及对应的 2017 年生产设备数和实际产能

电弧炉容量/t	数量/座	产能/万吨
(1) 70 及以上	36	3262
(2) 51~69	84	4479
(3) 50 及以下	42	969

除了区别上述不同设备的产能规模外,下一步还需要估算出对应的单位产品能耗,这也是模型对于该产能规模下技术输入、输出设定的重要依据。具体处理方法如下:

(1) 收集整理《粗钢生产主要工序单位产品能源消耗限额》(GB 21256—2013)、《电弧炉冶炼单位产品能源消耗限额》(GB 32050—2015)、《高耗能行业重点领域能效标杆水平和基准水平(2021 年版)》[162-166]规定的单位产品能耗指标。此标准共有三类:限定值、准入值和先进值(表 3.7)。

表 3.7 粗钢生产主要工序单位产品能源消耗限额

工序名称	限定值	准入值	先进值
高炉	≤435	≤370	≤361
转炉	≤−8	≤−25	≤−30
电弧炉	≤86	≤64	≤61

注:各指标值的单位均为千克标准煤/吨(kgce/t)。

(2) 限定值是依据各工序最后 20% 产能的单位能耗来取值的。由于各小规模企业设备的实际能耗未统计或公开发布,故本研究将以标准中限定值为基准值,再依据额外整理的高炉、转炉、电弧炉现实已知的最大单位能耗值(附录 D 中表 D.1)为参照做加权平均,最后将此结果作为本研究划分的产能规模区间最后一档的单位能耗值。

(3) 准入值是分别根据"实际"(指 2011 年)①前 10 名工序能耗的平均值来取值的。本研究将准入值作为基准值,再依据额外收集整理的目前现实中工序能耗比较低的能效领先企业(附录 D 中表 D.1)为参照做加权平均,最后将此结果作为各工序产能规模划分第一档的单位能耗值。

(4) 剩下的产能规模区间的能耗取值是根据上面估算得到的第一档和最后一档数据(相当于上下限)加权平均得到。

最后,本研究估计的各工序产能规模区间采用的单位能耗值结果汇总见表 3.8。

表 3.8 本研究中炼铁和炼钢工序产能规模的单位能耗限定值

工序名称	(1)	(2)	(3)	(4)	(5)
高炉	366	383	400	418	435
转炉	−24	−21	−19	−9	2
电弧炉	55	72	90	—	—

注:各指标值的单位均为千克标准煤/吨(kgce/t)。表中(1)(2)(3)(4)(5)与表 3.4~表 3.6 中标号对应的生产设备产能规模一致。

3.5.6 技术选择和替代

工艺技术是自底向上能源技术优化模型的基本构成单位。因此,十分有必要厘清行业中各类工艺技术或流程之间的相互关系。通常来说,假设有技术 1 和技术 2 两种技术,它们均以产出同一种产品(或服务)为结果,二者之间的关系可以大致分为以下两类:

---

① 由于《粗钢生产主要工序单位产品能源消耗限额》标准是 2013 年颁布的,"实际"是指 2011 年的情况。

(1) 互斥关系,是指技术1和技术2无法同时被应用,存在着完全互斥的关系。

(2) 协同关系,是指当使用技术1时不会影响技术2的应用或效果,二者可以同时出现,互相协同。

IMED|TEC模型通过普及率(百分数)来表征技术的使用程度及其相互关系(图3.4)。具体来说,互斥关系下技术1和技术2的普及率之和必须等于100%,二者此消彼长;协同关系下技术1和技术2的普及率如果没有其他约束,各自可在0~100%独立设定,两种技术的普及率之和还可以大于100%,此时模型的优化算法会根据技术成本来判断两种技术的使用量。

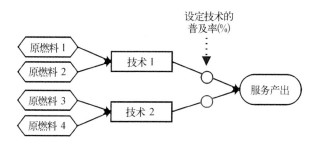

图3.4　IMED|TEC模型对技术相互关系的表征

在保证至少能够提供足够产品(或服务)需求的前提下,决定何种技术被选择,需要综合考虑两个因素:(1) 技术应用需要花费的成本,即年化后初始投资成本和每年运维成本之和;(2) 对技术普及率设定的约束条件,如某种技术未来普及率应该大于或小于一定比例。成本的年化计算公式见式(3.5):

$$C_l^a = C_l \times \frac{\alpha(1+\alpha)^{T_l}}{(1+\alpha)^{T_l}-1} \quad (3.5)$$

其中,C_l^a表示年化处理后的技术l初始投资成本;C_l表示技术l在基准年的初始投资成本;α表示贴现率;T_l表示技术l的使用寿命。

在明确了技术选择的考虑因素后,模型模拟工艺技术或流程之间的替代,可以分为两种情况(图3.5):(1) 因原技术使用寿命到期或满足产品(服务)需求增加而使用新技术;(2) 改进原技术或提前淘汰原技术而直接引入新技术。

第一种情况遵循式(3.6),第二种情况遵循式(3.7)。其中,a 表示原技术;b 和 c 表示不同的新技术。

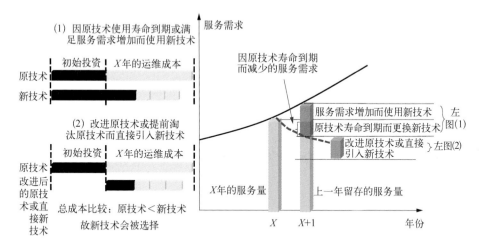

图 3.5　IMED|TEC 模型中技术替代的原理

注:图中 $X+1$ 年是技术替代发生的时间。

$$\gamma_{a,b} = \frac{IC_a + OC_a + FC_a}{IC_b + OC_b + FC_b} \tag{3.6}$$

$$\gamma_{a,c} = \frac{IC_a + OC_a + FC_a}{IC_a + IC_c + OC_c + FC_c} \tag{3.7}$$

其中,$\gamma_{a,b}$ 和 $\gamma_{a,c}$ 为两种情况下原技术和新技术的技术替代函数;IC_a 为原技术的年化固定投资成本;OC_a 为原技术的运维成本;FC_a 为原技术的其他财务成本,如排放税、资源税等;IC_b 和 IC_c、OC_b 和 OC_c、FC_b 和 FC_c 分别为两种情况下新技术的年化固定投资成本、运维成本和其他财务成本。当 $\gamma_{a,b} \leqslant 1$ 或 $\gamma_{a,c} \leqslant 1$ 时,原技术继续保留;反之,则被新技术取代。因此,模型能够较好地反映生产技术替代的实际情况。

模型是动态递归模型,意味着每年($X+1$)服务量是根据上一年(X)服务存量迭代累积而成。服务存量的递归变化根据式(3.8)计算,技术寿命符合韦布尔分布(Weibull distribution)。根据中国钢铁行业技术寿命的特点及相关研究[121,156,167],本研究假定韦布尔分布参数为1。那么,式(3.8)可简化为式(3.9)。

$$SS_l = \check{S}_l \times \left(1 - \frac{\beta_l \cdot h^{(\beta_l-1)}}{T_l^{\beta_l}}\right) \tag{3.8}$$

$$SS_l = \check{S}_l \times \left(1 - \frac{1}{T_l^{\beta_l}}\right) \tag{3.9}$$

其中，SS_l 表示技术 l 提供的从上一年可递归到当年的服务存量；$\check{S}_l$ 表示技术 l 在上一年提供的总服务存量；β_l 表示韦布尔分布的参数；h 为已过去的技术 l 的使用时间，以年为单位；$T_l^{\beta_l}$ 为技术 l 的使用寿命。

如果再考虑上文提到的技术替代对服务需求的影响，则当年服务需求的动态计算公式为式(3.10)，即图 3.5 中右侧坐标轴图。

$$S_l = SS_l + REC_l - SUB_l \tag{3.10}$$

其中，S_l 表示技术 l 提供的当年服务的总量；REC_l 表示技术 l 满足的新增服务量；SUB_l 表示因技术 l 寿命到期而不能提供的服务需求。

3.6 协同效应测度模块

为评价二氧化碳和大气污染物减排的协同效应(利用减排量等物理性指标)，已有的研究主要采用两种方法：一种是协同效应相关性系数法，另一种是协同效应敏感性系数法[168-171]（见图 3.1 中"协同效应测度模块"）。前者表示的是 CO_2 减排量与大气污染物减排量的比率，见式(3.11)，通常认为 r 值越大协同效应越强；后者表示的是 CO_2 的减排率与大气污染物减排率的比值，即反映减排措施对 CO_2 和大气污染物减排的敏感性或交叉弹性，见式(3.12)。

$$r = \frac{\Delta Q_{CO_2}}{\Delta Q_p} \tag{3.11}$$

其中，r 表示协同效应相关性系数；ΔQ_{CO_2} 表示 CO_2 减排量；ΔQ_p 表示大气污染物减排量。

$$e = \frac{\Delta Q_{CO_2}/Q_{CO_2}}{\Delta Q_p/Q_p} \tag{3.12}$$

其中，e 表示协同效应敏感性系数；Q_{CO_2} 表示 CO_2 排放量；Q_p 表示大气污染物排放量，在本研究中专指 SO_2、NO_x 和 $PM_{2.5}$。

由于在某些情况下，CO_2 减排量和大气污染减排量均很低，即便 r 值的结果可能很大，也不能代表减排措施的效果更好。因此，本研究将采用第二种方法来进行协同效应的度量，这一指标不仅可以说明减排措施对各种污染物是否具有协同效应，还能表征其协同程度。e 的计算结果，代表不同的政策含义，具体有以下几种情况：

（1）当 $e>0$ 且分母、分子均为正值时，表示政策措施有助于同时减少 CO_2 与大气污染物排放；当 $e>0$ 且分母、分子均为负数时，表示政策措施会增加两类气体排放。

（2）当 $e=1$ 时，表示减排措施对 CO_2 和大气污染物减排作用相同；当 $e>1$ 时，表示 CO_2 减排程度高于大气污染物减排程度；当 e 位于（0，1）时，表示 CO_2 减排程度低于大气污染物减排程度。

（3）当 $e \leqslant 0$ 时，表示减排措施只对分母、分子中为正值的一种气体减排有作用。

3.7 协同效益评估模块

在利用减排量评估协同影响时，需从经济分析的角度，评估减排措施的成本和效益。正如第 2 章所介绍，成本有效性分析和成本效益分析是目前普遍采用的协同效益分析框架。下面将分别说明本研究中所进行的成本有效性分析和成本效益分析方法（见图 3.1 中"成本有效性分析模块"和"成本效益分析模块"）。

3.7.1 成本有效性分析

成本效应比（CER）是进行成本有效性分析时用来评价不同政策措施协同效益的常用方法。已有研究利用此方法开展了节能措施的协同效益评价工作。本研究主要关注 CO_2 和大气常规污染物排放的协同效益。故对 CER 的计算进行改进，提出了"单位气体排放减排成本"这一指标，表征某种污染物或温室气体的单位减排成本。具体计算方式见式(3.13)。

$$CER = \frac{IC \times A + \Delta OC - \Delta ESP \times PE - \Delta ERP \times PEM}{\Delta ERP} \quad (3.13)$$

其中，CER 表示单位气体排放减排成本；IC 表示初始投资成本；A 表示年化率，计算公式见式(3.14)；ΔOC 表示每年运维成本，既包括固定成本也包括变动成本；ΔESP 表示年度节能潜力；PE 表示能源价格；ΔERP 表示年度减排潜力，在本研究中是指 CO_2、SO_2、NO_x 和 $PM_{2.5}$；PEM 表示气体价格。PE 和 PEM 的取值及来源见附录 D 中表 D.2、表 D.3 和表 D.4。

$$A = \frac{\alpha}{1-(1+\alpha)^{-T_l}} \quad (3.14)$$

其中，A 表示年化率；α 表示投资贴现率；T_l 表示技术 l 的使用寿命。

3.7.2 成本效益分析

成本效益分析(CBA)的基本做法是界定政策措施的成本和效益的具体组成部分，这里既包括可量化的成本和效益，也包括因数据或方法限制暂时无法量化得到的成本和效益。本研究将利用净效益这一指标来表征成本效益分析的结果，即政策措施的获利水平。

$$NB = \sum \text{benefits} - \sum \text{cost} \quad (3.15)$$

其中，NB 表示净效益；$\sum \text{benefits}$ 表示效益总和；$\sum \text{cost}$ 表示成本总和。

3.7.3 健康影响与效益评估

3.7.3.1 实物量健康影响

评估推动 CO_2 减排和大气污染物协同治理会带来显著的人群健康协同影响。因而，健康影响的评估越来越成为协同效益评估的重要组成内容。IMED|TEC 模型是能源技术优化模型，无法直接得到健康影响的结果。但本研究通过将 IMED|TEC 模型与其他具有健康影响评估功能的模型软连接，同

样可以获得降碳减污措施的健康效应，再利用货币化计算方法，最终得到健康效益，用于成本效益评估（见图3.1中"健康影响模块"）。

根据2019年全球疾病负担的相关研究[172-174]，$PM_{2.5}$污染是空气污染引起人群死亡或患病的主要来源。在中国重污染天气频发引起政府和公众高度关注的背景下[175]，本研究对健康影响研究选择聚焦在$PM_{2.5}$污染。但需要说明的是，鉴于各种大气污染物之间相关性的复杂程度，如只考虑$PM_{2.5}$污染，可能会低估或高估减排措施引起的全部健康影响[176,177]。

本研究选用的与IMED|TEC模型软连接的是GAINS-China模型。为评估健康影响，GAINS模型已整合了EMEP-CTM大气传输模型（European Monitoring and Evaluation Programme-Chemistry Transport Model）。它在28×28平方千米的空间分辨率（0.5°×0.5°网格）下模拟$PM_{2.5}$浓度对一次$PM_{2.5}$排放量变化及由SO_2、NO_x和其他排放物形成的二次无机气溶胶变化的响应。还考虑了城市规模、地形气象等因素，最终输出中国省级层面的室外年均$PM_{2.5}$浓度变化。GAINS模型中$PM_{2.5}$浓度详细计算方法可参考有关文献[178-180]。接着，根据流行病学相关原理，应用暴露—反应综合函数（integrated exposure-response，IER）来计算健康效应的相对风险（RR），如式（3.16）所示。该指标反映了人群暴露程度和健康效应之间的关系。

$$RR_{a,d}(C_i) = \begin{cases} 1 + \alpha[1 - \exp^{-\gamma(C_i - C_0)^\delta}], & C_i \geq C_0 \\ 1, & C_i < C_0 \end{cases} \quad (3.16)$$

其中，$RR_{a,d}(C_i)$表示地区i浓度为C_i时对应年龄a和疾病类型d的相对风险；C_0表示产生健康影响的浓度阈值；α、γ、δ表示暴露—反应综合函数的参数[181]。本研究涉及的HE和对应的IER系数如表3.9所示。

表3.9 $PM_{2.5}$引起的致死健康效应评价终点和暴露—反应系数取值

健康终点类型	暴露—反应系数		
	低值（95%置信区间）	中值	高值（95%置信区间）
全因（国际）[a]	0.0003	0.004	0.008
全因（中国）[b]	−0.0003	0.0009	0.0018

续表

健康终点类型	暴露—反应系数		
	低值(95%置信区间)	中值	高值(95%置信区间)
慢性阻塞性肺炎[c]			
肺癌[c]			
缺血性心脏病(25～65岁)[c]		非线性	
脑血管疾病(25～65岁)[c]			
下呼吸道感染[c]			

注：[a]、[b]、[c]分别来自参考文献[182-184]。

实物量的健康效应以健康效应评价终点(HE)来表征,强调早亡对健康的损害,其计算公式为式(3.17)。它表示的是某年龄组人口中因患病而提前死亡者的预期寿命与实际死亡年龄之差的总和,可以理解为提前死亡所造成的寿命损失。

$$HE_i = \sum_a \sum_s \left\{ \sum_d \left[\frac{RR_{a,d}(C_i) - 1}{RR_{a,d}(C_i)} \times y_{a,s,d} \times POP_{i,a,d} \right] el_{a,s} \right\} \quad (3.17)$$

式中,HE_i表示地区i的寿命损失；a、s、d分别表示年龄、性别和疾病类型；$y_{a,s,d}$表示疾病致死率；$POP_{i,a,d}$表示地区人口；$el_{a,s}$表示预期寿命。

IMED|TEC模型与GAINS-China模型软连接的具体做法是：(1) 汇总IMED|TEC模型计算得到的各情景下中国钢铁行业能源消费量结果,并对照GAINS模型要求的能源品种进行分类；(2) 在GAINS模型中设定两个情景,一是基准情景,即全部门的活动水平均按照模型原设定不变,二是钢铁能耗改变情景,即将GAINS模型中钢铁部门的能耗替换为上一步汇总的IMED|TEC模型的能耗结果；(3) 根据基准情景与钢铁能耗改变情景的$PM_{2.5}$浓度相对变化,并由此计算得到HE差值,可以认为是降碳减污政策或技术进步带来的健康协同效应。

3.7.3.2 货币化健康影响

将实物量的健康影响货币化的目的是给决策者提供更直观且可以与成本进行比较的结果。针对因早亡所致的健康终点的货币化方法,可以使用统计生命价值(VSL)的值来计算,如式(3.18)所示。本研究采用的中国 VSL 结果见表 3.10。

$$Economic\ Burden = HE_i \times VSL_i \quad (3.18)$$

表 3.10　本研究采用的中国 VSL 参考值及区间[185]

参考值分类	计价年份	数值/(mill.USD)
高	2010	1.63
中	2010	1.34
低	2010	1.06

需要着重强调的是,为剔除物价变动等因素的影响以期反映 GDP 等货币化结果的真实变动情况,如不特殊说明,本研究的货币化结果均按照 2010 年不变价水平调整。

3.8　模型数据库和数据来源

针对本研究拟解决的问题及现有模型计算,需要编制一个包含宏观经济数据、能源相关数据、行业发展、政策趋势和技术路径信息在内的大型数据库。为此,本研究参阅并整理了大量的统计年鉴、机构报告和相关研究文献,既包括历史年份数据,又包括对追踪年份该数据的趋势判断。

3.8.1　数据库组成及来源

(1) 宏观和行业经济数据库。数据库包括 GDP、人口规模、城镇化率、投资率、工业化率、产业结构、投入产出表;钢铁行业及上下游行业的工业产值、增加值,钢铁各种产品的产量、消费量、进出口情况,钢铁行业政策动向、规划目标和约束,国际钢铁行业发展态势等。数据主要来自中经数据库、中国统计年鉴、全国投入产出表、中国海关统计数据、中国钢铁统计年鉴、世界钢铁协会等。

(2) 能源环境数据库。数据库包括能源结构、能源消费量、物料投入的价格、原料结构、能源价格、直接能耗量和变动、CO_2和主要污染物排放量、排放因子等。数据主要来自国际能源署报告，MEIC、CEADs、GID 等国内数据库，以及工业污染源产排污系数手册及相关文献报告等。

(3) 行业技术数据库。作为以能源技术优化模型为主体的模型框架，本研究搭建的行业技术数据库十分庞大。与成本计算直接相关的数据，包括单位技术的投资成本、运维成本、建设时间、寿命周期、技术效率、节能减排潜力、技术普及率、技术投入产出的用量和比例、贴现率和末端治理技术的污染物去除率等。与约束条件相关的数据，包括行业技术结构和规模特征、技术容量的年变化速度、年最大可利用时间、技术组合的限制、技术普及率的限制等。这些数据主要来源于钢铁行业协会对会员单位的年度统计、国家和行业不同层面的统计年鉴、行业先进适用技术目录、企业节能减排实例、行业专家访谈和文献报告等。

3.8.2 关键参数的分析与设定

3.8.2.1 原燃料价格

原燃料价格是影响钢铁行业成本的重要指标，受初级商品市场变动和政策决定的影响。根据《中国钢铁统计年鉴》等资料，近两年国内钢铁企业炼铁所用的精矿粉、炼焦煤、焦炭价格呈现上涨趋势。2017 年铁矿石、焦炭到厂平均采购价格折合成美元分别为 85 美元/吨、292 美元/吨，同比升幅均超过 12%。炼钢所用生铁、废钢价格也呈现上涨趋势，2017 年生铁、废钢采购价分别为 374 美元/吨和 279 美元/吨，同比上涨 30.6% 和 21.3%（图 3.6）。

中国钢铁协会没有公开国内钢企的能源价格，只提供了其在单位平均总成本中的比重，2017 年能源成本占比为 35.2%，原料成本占比为 42.6%。本研究根据上述比例和国外钢企同年能源成本（120.8 美元/吨）折算得到国内钢铁企业能源购入成本为 210.6 美元/吨。鉴于未来价格数据的可得性，本研究假设原燃料价格在未来追踪年仍保持不变，但这可能导致协同效益的过低估计。

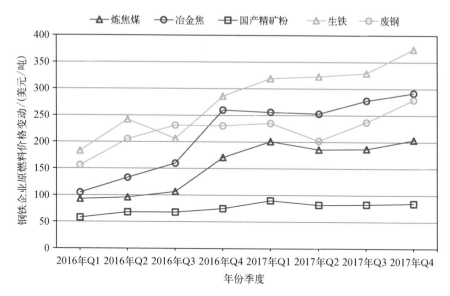

图 3.6　2016—2017 年各季度(Q)钢铁企业主要原燃料价格

3.8.2.2　碳社会成本

碳社会成本(social cost of carbon,SCC)是指未来某时一单位边际 CO_2 排放造成的损失的净现值。为科学评估降碳减污措施的协同效益,需要对 SCC 进行合理的估算。本研究回顾了 SCC 相关研究结果[186-189],最终采用了表 3.11 所示的 SCC 结果,认为该数值将会逐年增加。

表 3.11　本研究所用的碳社会成本取值　　　　　　　　　单位:美元/吨

类　别	2020 年	2030 年	2040 年	2050 年	2060 年
高(83.3%)	42.3	69.0	86.6	155.7	183.2
中(50%)	20.4	33.2	41.7	74.9	88.2
低(16.7%)	3.7	6.0	7.5	13.5	15.9

3.8.2.3　排放因子

排放因子对于计算 CO_2 和大气污染物排放量的精确度有极其重要的影响。因此,采用能充分反映中国钢铁行业实际状况的排放因子是分析降碳减污协同效益研究十分关键的一步。但相比国外,中国学者在这方面针对中国国情的研究工作尚比较缺乏。计算气体排放的国内文献绝大多数是借鉴了国外的排放因子。国外的排放因子是根据当地具体情况或全球平均情况测算得到的,与中国的实际情况可能会有较大出入。因此,本研究针对中国钢铁行业排放因子进行了大量调研,最终比选确定了能反映国内状况的排放因子(表3.12)。

表3.12 排放因子的设定

排放气体	电力	煤	焦炭	燃油	天然气	煤气	烧结矿	生铁	粗钢	钢材	废钢
CO_2	0.60	3.06	3.26	1.64	2.27	0.88	0.01	0.17	0.00	0.00	0.00
SO_2	8.46	10.0	19.0	2.24	0.18	0.08	0.85	0.07	2.53	0.43	0.43
NO_x	6.58	4.0	4.80	5.84	1.76	0.80	0	0	0	0	0
$PM_{2.5}$	0.62	0.74	0.14	0.31	0.17	0.17	0.19	0.08	0.13	0.05	0.05

注:化石燃料CO_2排放因子单位为tCO_2/GJ,电力排放因子单位为$tCO_2/(MW·h)$,其余单位为g/kg。碳排放因子综合参考了《2006年IPCC国家温室气体清单指南》①、Emission Factor Database②、国际能源署、世界钢铁协会的文献资料[190]、中国《省级温室气体排放清单编制指南(试行)》、中国第一、二次污染源普查手册、中国碳排放核算数据库(CEADs)③和针对中国的相关研究[191-196]等。

3.8.2.4 投资贴现率

投资贴现率的选择关系到技术选择与评估的结果。较低贴现率从社会福利最大化的角度出发,更贴近政策决策者偏好,一般适用于气候变化或公共基础设施建设等问题的研究[197]。而企业决策者更多地考虑信息缺失、投资不确定性等壁垒,因此更偏好于较高的贴现率[198]。

近年来,中国钢铁行业面临着亏损困境、资金投入受限等难题。但随着去产能政策实施,企业亏损情况近期有所好转。因此,综合考虑决策者和企业的偏好,本研究采用10%的贴现率。为分析贴现率选择对模型结果的影响,还在后续章节设置了不同的贴现率范围进行参数敏感性分析。

---

① 详见:https://www.ipcc-nggip.iges.or.jp/software/index.html。
② 详见:https://www.ipcc-nggip.iges.or.jp/EFDB/。
③ 详见:https://www.ceads.net.cn/data/emission_factors/。

3.9 本章小结

在上一章相关理论讨论和文献评述的基础上,本章针对钢铁行业降碳减污协同影响评估的研究目的和问题,提出了中国钢铁行业降碳减污协同效益综合评估模型框架。该模型框架包括宏观经济影响、产品/服务需求预测、能源技术优化与选择、协同效益测度、成本有效性分析、健康影响和成本效益分析共七大模块。它以自底向上的 IMED|TEC 模型为核心进行改进和扩展,通过与其他多个系统分析模型和经济分析方法软连接而最终构建成综合分析框架,能够定量分析政策、能源、排放、健康和经济(PEEHEN)等多因素相互影响的模型工具。

这一新构建的模型框架,不仅能够模拟钢铁行业从原料到最终产品过程中的物质流、能量流和技术流,计算在能源环境目标和政策约束下能源消耗、温室气体和大气污染物排放变动情况和节能减排潜力,还可以对行业多种降碳减污政策措施和技术路径以协同效应、协同效益等多视角做出评价,服务于决策者和企业,也适用于与钢铁行业类似的高污染、高排放、高能耗的流程型工业(如水泥、造纸、金属制造等)开展协同效益综合分析。

此外,本章还在参阅大量的文献、报告、政策和数据统计年鉴的基础上,编制了一个包含宏观经济数据、能源相关数据、行业发展、政策趋势和技术路径信息等在内的多维信息数据库。根据钢铁行业的特点,以该数据库为基础,对模型中各种参数进行了详细分析和设定,以提高模型结果的稳健性。

第4章
需求侧调整对中国钢铁行业降碳减污的影响评估

钢铁行业发展受产品消费端和需求侧的影响,其绿色低碳转型的第一步是降低粗钢产量。只有产量尽快达峰,钢铁行业的空气污染和碳排放才有望实现达峰,并进一步减少到中和状态。而粗钢产量与下游行业的用钢需求量显著相关,也受进出口量及市场库存变化影响。因此,本章将着重讨论主要用钢部门的钢铁需求受国家未来整体气候和环境治理影响可能发生的各种变化,并预测2020—2060年中国粗钢产量,分析产量变化对钢铁行业节能减排的潜在影响。

4.1 主要用钢行业对钢铁消费需求的基本情况

4.1.1 2020年中国钢铁行业整体运行概述

2020年年初突然暴发的新型冠状病毒感染导致下游用钢行业受到的不确定影响增多。第一季度国家主要经济指标均呈现大幅下降趋势。面对超出预期的复杂形势和国内外诸多挑战,中国政府统筹推进新型冠状病毒感染防控和经济社会发展,经济社会活动逐步正常化,企业复工率逐季稳步回升,全年GDP达到101.6万亿元,同比增长2.3%,并首次迈上百万亿元台阶。除此之外,与钢铁消费需求有关的经济指标也逐季回升,推动了全国钢铁生产和消费量的增长。

钢铁生产与消费量双双创新高。与其他很多行业第一季度因新型冠状病毒感染冲击产量大幅下滑不同,即便在2020年国内新型冠状病毒感染最严重时,钢铁仍然是开工率最高的工业部门,仅3月份同比下降1.7%(图4.1)。随着新型冠状病毒感染有所缓解,用钢需求逐步恢复,带动钢铁产能进一步释放。据国家统计局公布的数据,全年粗钢、生铁和钢材产量分别为10.7亿吨、8.9亿吨和13.3亿吨,同比分别增长7.0%、10.0%和10.0%。高增长数据背后的主要原因,除了前述的产能释放、闲置或新建项目复苏外,更深层次的则是国家相关投资刺激政策及下游行业的拉动。重点用钢行业快速回暖促进了全国钢材需求的增长,2020年全国主要用钢行业钢材实际消费9.7亿吨,同比增加7%,其中建筑业增长10%、制造业增长4%,全国钢材消费折算粗钢表观消费量10.5亿吨,同比增长11.0%。

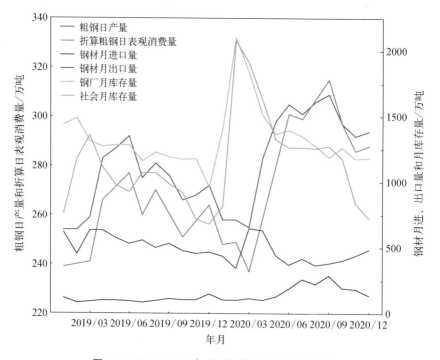

图4.1 2019—2020年中国钢铁行业基本运行情况

注:粗钢产量、消费量、库存量数据来源于国家统计局、中国钢铁工业协会;钢材进、出口量数据来源于海关总署。

钢铁进口大幅增加、出口受阻。2020年,钢坯、钢材进出口情况与国内外新型冠状病毒感染形势及全球经济发展关联性较大。在新型冠状病毒感染全球蔓延初期，钢铁产品出口严重受挫，净出口量不断减少。随后由于国内钢材需求较旺，价格也极具竞争力，加之一些国外钢铁生产国本地需求不振，无法消纳其本国产量，最终国际钢铁产品纷纷涌入中国，钢材、钢坯进口量大幅增加，中国一度成为粗钢贸易逆差国，由此对全年进出口总量也产生重大影响。根据海关总署数据，2020年，中国钢材、钢坯进口总量分别为2023.3万吨、1800万吨，同比增长分别高达64.5%、489.1%；钢材出口量为5367.7万吨，同比下降16.6%。

钢铁库存破历史高位，后回落至正常水平。受新型冠状病毒感染时钢材供求错配和物流受限等因素影响，钢材库存不断攀高，在2020年2月达历史峰值(4141万吨)，对市场产生巨大压力。此后，随着下游企业复工复产，国内物流相对通畅，钢材库存逐步回落且去库存速度较快，市场压力有所缓解。但由于年初累积基数高，根据中国钢铁协会统计数据，到12月底社会和企业总库存量为1892万吨，仍高于2019年同期，增长15.7%。

4.1.2 用钢行业的界定及近年钢材消费情况

参考《国民经济行业分类》(GB/T 4754—2017)①的行业划分方法，本研究将主要的下游行业用钢分为三大类：第一类为建筑业用钢，包括房屋建设和基础设施建设，其中基础设施建设还可根据需要再细化为交通建设(铁路、道路、隧道、桥梁、水运和海洋工程建筑)、能源建设(油气输送管道、电力工程等)等；第二类为制造行业用钢，指机械、汽车、轻工家电、船舶和集装箱等工业部门；第三类为其他目的用钢，如国防军工等，但限于数据可得性，本研究分析了国防军工部门用钢量的历史数据，假定这部分占全年钢材消费总量的比例是基本固定不变的，即在7.5%左右。

图4.2总结了2010—2020年主要用钢行业的钢材消费情况，可以看出，各行业钢材消费占总消费的比例大致保持稳定。建筑行业始终是第一大用钢部门，2020年占比超过一半(57.6%)，总计消耗钢材5.6亿吨。受国家政策和近

---

① 来源：http://www.mca.gov.cn/article/sj/tjbz/b/201711/20171115006536.shtml。

年市场利好因素驱动,房屋建设用钢过去十年翻了一倍,达到 3.9 亿吨。基础设施建设也逐步发力,交通和能源重点项目工程新开工及施工进度加快,钢材消费年均增长 7.9%,占全国钢材消费的 17.5%。

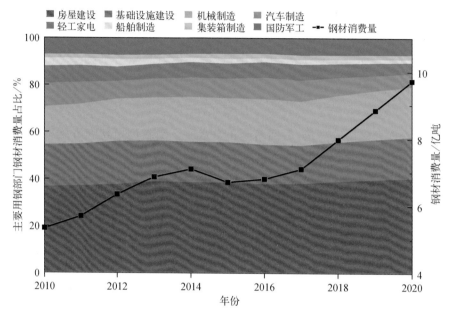

图 4.2　2010—2020 年主要用钢行业钢材消费情况

注:数据来源于国家统计局、中国钢铁工业协会、海关总署等。

机械行业是国民经济的装备行业,也是全国第二大钢材消费部门。得益于上下游产业发展的带动,机械制造类各类产品的产量出现爆发性增长,机械行业用钢量因此从 2010 年的 8698.0 万吨激增到 2020 年的 2.1 亿吨,增幅高达 141.4%,是所有用钢行业变化率最高的行业。与人们生活息息相关的汽车、轻工家电等部门 2020 年钢材消费量分别为 5400 万吨、4603.7 万吨,相比十年前分别增加 16.4% 和 4.3%。集装箱制造各项指标稳步提升,巩固了中国第一大集装箱制造大国的地位,用钢量因此翻了一番,2020 年消耗钢材 1380 万吨。船舶行业是过去这十年唯一耗钢量下降的部门,降幅为 24.6%。其实在"十二五"时期,船用钢材依然保持在年均 1656.4 万吨的较高水平,但从"十三五"开始,特别是近年来远洋贸易受国际形势不确定因素增多影响,船舶行业的平均用钢量下降到 1366 万吨。

4.2 情景设定

在以清洁低碳为目标的国家环境与气候治理政策下,我国经济发展进入新周期,建筑业和制造业等行业将加快材料、工艺、产品、能源等生产要素转型,而上述行业作为钢铁产业链的下游及钢材需求的基本面,其未来的转型方向又必将倒逼上游钢铁生产调整,并将进一步影响钢铁行业应对气候变化和大气污染治理的协同行动的走向和布局。

据此,本章研究以 2020 年为基准年,展望到 2060 年,并根据国家未来不同气候环境治理强度测算未来钢铁需求变化,并设置了具体的情景(表4.1),各情景详细参数设定见附录 D 中表 D.5 和表 D.6。

表 4.1 根据不同国家碳排放政策预期设定的三种情景概述

情景名称	缩写	情景描述
参考情景	REF	在 IMED|CGE 模型中,假定在研究时期内(2020—2060 年)没有碳排放约束,并且没有考虑特定的额外的措施,各行业的技术演进趋势,包括全要素生产率(TFP)和自发能源效率改进率(AEEI)的改变遵循共享社会经济途径(SSPs)中的"中间路径"(SSP2)情景的相关设定。具体来说,固体燃料和液体燃料的 AEEI 年均提高 3%~5%;气体燃料则年均提高 2%。用电效率年均提高 3%。
既定政策情景	NDC	调高 IMED|CGE 模型中碳约束政策力度,即根据《国家"十四五"规划纲要》①等政策规划,到 2025 年,单位 GDP 能源消耗降低 13.5%,单位 GDP 二氧化碳排放降低 18%,非化石能源占能源消费总量比重提高到 20%。到 2030 年,二氧化碳排放达峰,单位 GDP 二氧化碳排放比 2005 年下降 60%,非化石能源占能源消费总量比重提高到 25%。
碳中和情景	CN	进一步调高 IMED|CGE 模型中碳约束政策力度,即 2060 年前中国实现碳中和的国家目标

---

① 来源:https://www.ndrc.gov.cn/xxgk/zcfb/ghwb/202103/t20210323_1270124.html?code=&state=123。

4.3 未来钢铁需求及生产结果

4.3.1 相关行业钢材消费需求变化及原因

4.3.1.1 总体趋势与结构变动

综合来看,中国未来钢铁需求在不考虑低碳转型目标驱动的情景(REF)下,先保持上升,随后逐渐下降,转折点预计出现在2035—2040年。当考虑加入低碳(NDC)和零碳(CN)这两种碳约束政策预期后,钢铁需求达峰和下降的时间会进一步提前(图4.3)。

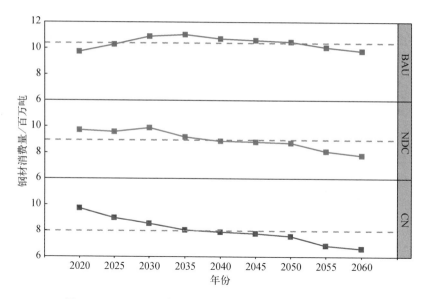

图4.3　2020—2060年不同政策预期下中国钢材消费需求量

结合模型结果与现实发展,产生上述变化差异的原因主要有以下两方面:

(1) 工业化进入高质量发展、城市化逐渐成熟、人口规模和结构转变是未来中国钢铁消费需求下降的根本原因。

改革开放45年来,中国从工业化初期快速推进到工业化后期,用于建筑更新改造和各项基础设施建设的固定资产投资激增与钢铁需求具有强正相关性。工业化发展正从高速度转变为实现高质量发展。北京、上海等地已率先发展到后工业化阶段,未来经济发展到了一定程度会开始去工业化,即制造业和建筑业比例下降,服务业占比上升。在制造业和建筑业内部,各用钢行业的产品和结构将转型升级,使得整个市场对高耗钢产品需求将放缓。

中国经济发展史就是一个工业化与城市化互动发展的过程。在我国工业化初期,工业化是城市化的重要牵引力,而进入21世纪后,城市化进程不断加快,2020年城镇化率已从2000年的36.1%跃升至63.9%以上,这又为工业化提供了旺盛的市场需求和生产要素。中、美、日三国经验均证明,城市高速发展会极大刺激各类钢铁需求。但随着未来城市化不断深入,其对钢铁需求的拉动效应将明显削弱。

根据近年人口变化趋势,中国人口会在2030年左右达到峰值,增速将继续放缓。同时,伴随人口红利衰减,中国当前的人口抚养比(38%)将逐步抬升,据联合国2017年预测[①],2060年中国的人口抚养比将接近80%,远超世界平均水平(62%)。老龄化加剧带来的市场消费疲弱将对未来用钢需求产生抑制作用。

(2) 绿色生产和消费理念普及下全社会加强对低碳循环用品的选择是未来中国钢铁消费需求下降和结构转变的直接原因。

在可持续发展、美丽中国和"双碳"等国家政策宣传和引导下,绿色生产和消费理念越来越深入人心。可以预见,包括主要用钢行业在内的重点领域生产和消费绿色转型(见附录D中表D.7和表D.8)将取得明显成效,市场上绿色低碳产品的占有率大幅提升。下游用钢行业逐步低碳化、减量化和共享化,相关制造业产品、建筑与基础设施使用寿命提高,废弃产品被回收和再次循环利用,从而对新增钢材和铁矿石等的原材料需求都将进一步降低。

除了钢材需求总量变化外,钢材消费的部门结构也将发生明显改变(图4.4)。2020年在三种情景下,房屋建设行业是第一大用钢部门,占比40.1%,其次是机械制造(21.6%)和基础设施建设(17.5%)行业,汽车行业的钢材消费量仅有5.6%。到2060年,机械制造将取代房屋建设成为第一大耗钢部门,占比

---

① 来源:https://www.unicef.cn/figure-115-dependency-ratio-19502100。

超过三分之一；汽车制造则跃升到第三位（约18%），仅次于基础设施建设（约20%）；房屋建设锐减到占比只有14%左右。

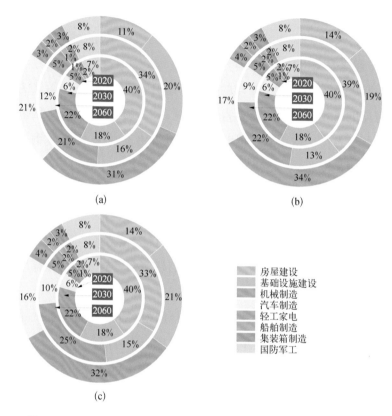

图 4.4 2020—2060 年不同政策预期下重点用钢行业的钢材消费结构

(a) REF 情景下 2020 年、2030 年、2060 年重点用钢行业的钢材消费结构；
(b) NDC 情景下 2020 年、2030 年、2060 年重点用钢行业的钢材消费结构；(c) CN 情景下 2020 年、2030 年、2060 年重点用钢行业的钢材消费结构

4.3.1.2 各行业变化

我国钢铁消费主要集中在建筑行业和制造行业。由于发展阶段、政策导向、技术水平等因素影响，主要用钢行业未来钢材消费量发展趋势有所不同。下面将逐一深入分析在不同情景下钢材需求变化及影响因素。

1. 房屋建设

在房屋建设行业，使用的钢材品种主要有钢筋、线材、型材和钢结构用板材等。参考(REF)情景和国家资助贡献(NDC)情景的结果[图 4.5(a)(b)]均显示，

每年房屋新开工面积将保持连续增长。房屋建设中 40% 的钢材是用在基础施工部分,因此用钢量受新开工面积影响较大。到 2030 年,两种情景下房屋建设用钢分别达到 3.8 亿吨和 3.9 亿吨。钢材消费高增长背后的驱动力主要来自钢结构建筑发展的广阔前景。目前,我国钢结构住宅占整个建筑的比重仅为美国、日本等发达国家的四分之一。国家已经发布多个文件要加快推广应用钢结构建筑,可以预计将主要带动板材需求量的增长,促进建筑升级换代。

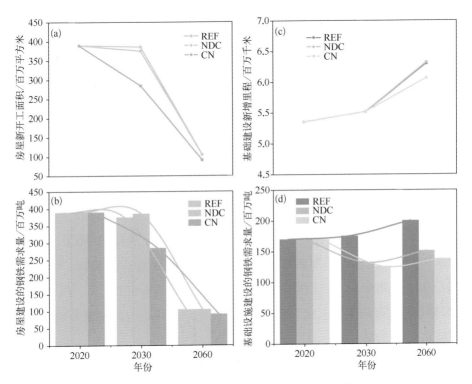

图 4.5　2020—2060 年建筑业钢材需求变化及影响因素

(a) 房屋新开工面积;(b) 房屋建设的钢铁需求量;(c) 基础建设新增里程;(d) 基础设施建设的钢材需求量

2030 年后,NDC 情景的钢铁需求先进入下降期,到 2060 年,降低到 1.1 亿吨。REF 情景则在 2030—2035 年转变为平台期,钢材需求变化很小,之后开始一路走低,到 2060 年减少到 1.1 亿吨,与 NDC 情景基本持平。

与 REF 和 NDC 情景相比,碳中和预期(CN)情景下,钢铁需求下降明显加快,2020 年最高值为 3.9 亿吨,2060 年继续下降到 0.9 亿吨,相比其他两种情景减少了近四分之一。原因有两点：一是中央对房地产行业的政策是以"稳"为主,着力于优化住房供给结构。未来随着城镇化率水平的不断提升,民用和商用建筑的新增需求将逐渐减少,市场上房地产整体库存压力将逐步化解,因而满足新开工面积的钢材需求也将持续缩紧。二是在住建部对建筑用钢标准规范趋严的背景下,未来各类房地产从设计、施工和运维上将进一步提高质量,延长建筑寿命。为缓解能源、土地资源紧张,国家将大力发展绿色、节能、省地型住宅,对建筑用钢强度要求将进一步提高,消费量也将继续缩减。

2. 基础设施建设

基础设施建设主要包括两大类：一是交通运输建设,即铁路、公路、轨道交通和水运建设,主要消费钢筋、线材、钢轨、桥梁板等钢材品种；二是能源设施建设,即电源和电网等电力建设,以及油气管网等石油石化建设,主要消费锅炉管、角钢、管线钢和储罐用钢等钢材。

因大批基础设施重点推进项目上马(如建设国家高铁网、内河航道整治、推动沿海港口和城市轨道交通现代化建设、可再生能源装机与特高压输电网布局等),在交通运输和能源(特指清洁电力,且可预见油气管网投资将减少)两项投资大幅增长引导各类工程快速建设的拉动下,三种情景(REF、NDC 和 CN)下基础设施建设年均新增规模在研究期内均保持一定增长[图 4.5(c)(d)],相比基准年,2060 年增长率分别为 17.5%、17.9% 和 13.5%。但 NDC 和 CN 情景的实际用钢需求比 REF 情景(2 亿吨)有所减少,减少量分别为 4891 万吨和 6202 万吨。

基础设施建设行业在降碳预期下,对未来设施的运行效率、材料强度、耐候性和使用寿命将有更高的要求。第一,这类建筑通常承担着支撑各类转换和输送的作用,提高输送效率(如交通周转速度、电源机组的发电效率、减少电网损失等)对于抑制钢材消费有积极作用。第二,交通运输和能源设施多建设在特殊自然条件下,要求钢材具有抗震、耐火和抗脆性断裂的性能,以便于产品修复和回收重复利用,进一步节约了钢材使用。

3. 机械制造

机械制造具有产品领域广、上下游产业关联强、需求弹性大等特点,机械行业消费的钢材几乎涉及所有钢材品种和规格。

2020 年后,三种情景下机械行业用钢数据回暖,本质是新型冠状病毒感染影响减少后的恢复性增长。从图 4.6(a)可知,未来机械行业用钢在研究期内均呈现不同速率的持续性增长。到 2060 年,REF、NDC 和 CN 情景的机械制造钢材消费量分别为 3.1 亿吨、2.6 亿吨和 2.1 亿吨。

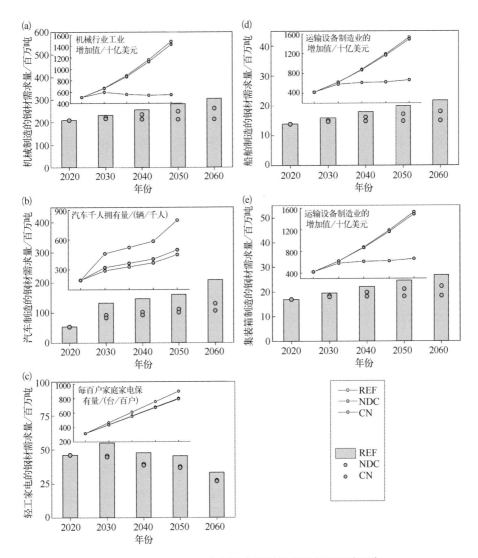

图 4.6　2020—2060 年制造业钢材需求变化及影响因素

(a) 机械制造用钢需求量及其工业增加值变化;(b) 汽车制造用钢需求量及千人汽车拥有量变化;(c) 轻工家电用钢需求量及每百户家庭的家电保有量变化;(d) 船舶制造用钢需求量及运输设备制造业工业增加值变化;(e) 集装箱制造用钢需求量及运输设备制造业工业增加值变化

增长的主要来源包括：第一，在相关产业链带动下，与国家重点建设工程和城镇化建设密切相关的挖掘机、装载机、电气和新能源机械器材等工程机械类产品将大涨；第二，以前需求疲软的投资类机械产品，如矿山设备、冶金设备、金属轧制设备、机床等，也将出现恢复性增长；第三，随着基础设施建设的完善，与物流运输相关度较大的电动叉车、包装专用设备、输送机械等产量将明显增长；第四，在经济发展新旧动能转换和结构升级的背景下，与节能环保、绿色消费相关的机械产品未来市场需求快速增长，包括水质污染防治设备、固体废弃物处理设备、食品安全检测设备等；第五，与国家产业升级相关的机械产品增势较好，工业自动化仪表、高档数控装置、集成系统等符合《中国制造2025》和国家战略性新兴产业规划目标的智能制造、绿色制造和高端设备将迎来爆发性增长。

相比 REF 情景，在绿色低碳发展预期（NDC 和 CN）下，整体用钢量稍降，是源自机械制造行业的结构转型、轻量化设计及产品升级。并且随着技术装备大型化、参数极限化，高耗钢机械增速减缓，拉动了对优质钢材和特殊钢材的需求，从而降低了整体钢材需求量。

4. 汽车制造

汽车行业是重点用钢行业之一，薄板、中板、带钢、型钢、优质棒材、钢管、特殊合金钢等品种均被应用于汽车制造，其中板材占汽车用钢材总量的 70% 左右。参考日韩和美国过往数据，汽车千人保有量与人均 GDP、公路建设里程和密度均具有一定的正相关关系（相关性从强到弱）[199]。2020 年，中国汽车千人保有量为 194 辆/千人，仅为美日欧等发达国家的 20%~40%，甚至比一些发展中国家（如泰国）还低。从上述分析可知，2020 年后，中国 GDP 和公路建设都将继续保持中高速增长，因此，汽车保有量仍将持续增加，REF、NDC 和 CN 三种情景下，汽车制造相关的钢材消费，到 2060 年将分别上涨到 2.1 亿吨、1.3 亿吨和 1.1 亿吨［图 4.6(b)］。汽车制造将成为钢材消费增长最多的用钢部门，相比 2020 年增速分别高达 287%、143% 和 98%。

受经济发展质量提升和基建发展带动，2020—2030 年是汽车用钢增速最快的时期。2030 年以后，三种情景下增速都将放缓，尤其以 NDC 和 CN 情景更为明显。主要原因包括：一是 GDP 对汽车保有量的拉动作用不再显著，人口增速放缓、道路承载能力逐渐饱和等多方面因素开始起主导作用。二是绿色交通、智慧交通和智能驾驶的发展,将会减少汽车闲置情况,有效提升了交通运行的效率。出行需求逐渐稳定,因此汽车保有量增长也将放缓。2060年,预计汽车千人保有量在NDC和CN情景下将分别达到497辆/千人和450辆/千人,远低于REF的796辆/千人。三是汽车制造技术提升和未来汽车低能耗要求,将推动造车用钢多元化、轻量化和高强化趋势,从而降低单车钢材需求。

5. 轻工家电

轻工家电行业消费的钢材品种有镀锌板、冷轧薄板带、热轧酸洗板和电工钢。图4.6(c)显示,2030年前三种情景下的每百户家庭家电保有量保持快速增长,2030年将分别达到610台、558台、553台,比基准年至少增长了四分之三。背后原因包括:其一,随着新型冠状病毒感染得到有效控制,经济活动逐步恢复正常,家电行业消费出现回升;其二,2020—2030年也是房地产行业快速发展期,市场集中交房,同时,大家电产品进入新一轮的更新换代周期,在消费升级和产品升级的共同影响下,各类家电产品需求愈发旺盛。

但以2030年为拐点,家电用钢消费量随后出现下降。到2060年,轻工家电钢材消费量分别减少到3300万吨、2722万吨和2672万吨,均远低于2020年用钢水平,这与家电行业未来高质量、轻量化、能效升级等趋势密切相关,具体表现在:第一,为贴合消费者需求,家电产品越来越注重高品质、高颜值、轻量化和功能创新性,这也对钢材的机械性能提出了新需求。家电用钢量变化主要取决于家电产品的生产规模,尤其是单位用钢量较大的大家电产品(冰箱、空调和洗衣机等)的数量。经过产品升级的大家电上市后,其质量更好、耐久性更高,对行业整体用钢消费起到减缓作用。第二,为实现节能减排,家电行业能效升级的步伐将加快,因此相关电工钢需求将提质减量。

6. 船舶制造

2020年,中国造船三大指标的市场份额继续保持全球领先,造船完工量、新接订单量、手持订单量分别占世界总量的42.3%、45.0%和45.1%,造船用钢量为1380万吨。根据预测结果[图4.6(d)],船舶制造用钢在2020—2060年呈现稳步增长态势,到2060年,REF、NDC和CN情景下,消耗钢材将分别上升到2173万吨、1807万吨和1497万吨。

三种情景变化趋势出现共性和差异的原因有：首先，虽然全球造船市场因新型冠状病毒感染不确定影响而大幅下降，但部分细分市场仍保持较高的活跃度，如大型化、高技术、高附加值船舶成为新承接订单的主体，这类大型或超大型船舶用钢材折算数小于中小型船舶，因此将使得单位载重吨用钢量明显减少；其次，随着天然气在全球能源转型和应对气候变化方面的作用凸显，对LNG进出口船运的需求将成为更长时期内船舶制造的蓝海，带动船舶用钢量平稳增长；最后，在全球低碳环保的远景目标下，深海养殖装备、海上风电等新兴的海洋产业将引起造船业的结构调整，除了对高韧性、耐腐蚀船体钢板的质量要求大幅提高外，也将压缩传统的船舶和海洋工程用钢需求空间。

7. 集装箱制造

集装箱被广泛应用于陆路、河流和海洋运输等领域。中国是世界上集装箱第一制造国和出口国，也是全球集装箱海运量和集装箱港口吞吐量第一大国。与船舶制造行业类似，世界贸易状况对集装箱的市场需求起着至关重要的作用，此外，还受旧集装箱更新、航运景气程度等影响。随着新型冠状病毒感染后国际贸易回暖，集装箱产量将保持提升，因此，2020年后，集装箱制造用钢量也将稳定增长，到2060年，REF、NDC和CN情景下，钢材消费量将分别达到2678万吨、2227万吨和1845万吨，比基准年分别增加57.4%、30.9%和8.7%[图4.6(e)]。

除了贸易和物流业发展对集装箱需求会不断增加外，集装箱的节能环保、绿色低碳运输等将成为未来的趋势。具体体现在：一是要求提高集装箱使用年限和强度，以应对集装箱运输时各种复杂环境；二是对箱板的减薄化、标准化提出更高要求，以减少集装箱单位标箱单耗钢材，提高钢铁利用效率；三是加快发展多式联运等运输模式创新，以降低物流成本和过程中的能源消耗与污染物排放。

8. 国防军工

2020年，用于国防军工的钢铁消费为7200万吨，占总消费量的7.4%。假定到2060年，该用途的年均钢铁消费占比基本持平，在三种情景下，国防军工用钢量将分别为 7600 万吨、6000 万吨和 5100 万吨。

4.3.2 未来粗钢生产预测

4.3.2.1 库存和进出口情况

无论是净出口量还是库存变化,三种情景下均出现先增后减的变化趋势(图 4.7)。但实际上,这两个部分占粗钢产量的份额是比较稳定的,分别维持在 6.6% 和 2.4% 左右的水平。库存变化稳定反映出钢铁市场消纳压力将被有效控制。钢铁自给率、国内市场占有率在研究期间基本在 107.1% 和 96.5% 上下浮动,这也意味着中国未来生产的粗钢是以国内市场需求为主,多余的部分再用于出口。

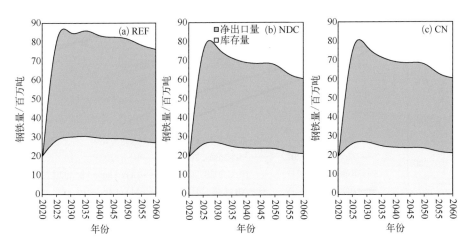

图 4.7 2020—2060 年不同政策预期下粗钢库存和净出口量变化

(a) REF 情景下粗钢库存和净出口量;(b) NDC 情景下粗钢库存和净出口量;(c) CN 情景下粗钢库存和净出口量

4.3.2.2 粗钢产量

综合钢铁需求、库存变化和进出口情况,图 4.8 展示了本研究对中国 2020—2060 年这一绿色低碳发展关键期内粗钢产量变化的三种可能性。

在参考情景(REF)下,粗钢产量的达峰时间是 2035 年,随后以每年 0.5% 的降速缓慢下降,2060 年产钢量仍有 11.5 亿吨,高于 2020 年水平(10.7 亿吨)。NDC 和 CN 情景相比 REF 情景在达峰时间和下降幅度上均有明显差异。NDC 情景的粗钢产量将在 2030 年达峰,峰值产量为 11.6 亿吨,到 2060

年将下降到9.1亿吨,比基准年减少了16.6%。在CN情景下,主要用钢产业结构调整、产品升级加快,对所用钢材的质量强度提出更高要求,导致单位耗钢量的下降,钢材需求普遍收缩。由此,粗钢产量达峰时间提前到2020—2025年,并在未来持续下降,到2060年为7.8亿吨,相比前两种预测情景分别再减少3.7亿吨和1.4亿吨。综上来看,未来粗钢产量下降趋势明显,将很难再现明显增长。

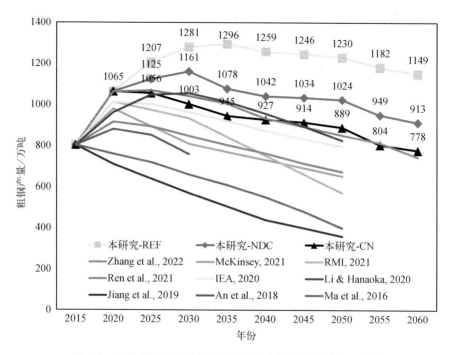

图4.8 三种情景下粗钢产量预测及国内外研究预测结果比较

注：Zhang et al.,2022来自北京航空航天大学经济管理学院张少辉老师团队；McKinsey,2021来自麦肯锡咨询公司；RMI,2021来自RMI组织；Ren et al.,2021来自北京大学能源环境经济与政策研究室(LEEEP)；IEA,2020来自国际能源署(International Energy Agency)；Li & Hanaoka,2020来自日本国立环境研究所(NIES)；Jiang et al.,2019来自国家发展和改革委员会能源研究所；An et al.,2018来自北京理工大学能源与环境政策研究中心(CEEP)；Ma et al.,2016来自清华大学能源环境经济研究所。

此外,为对本研究的粗钢预测结果进行敏感性分析,图4.8还汇总了国内外多个研究团队对中国未来粗钢产量的预测结果。可以发现,所列举的大部分研究均认为粗钢产量将在2020—2030年达峰,但尤以2020年这个节点为最多,比本研究预测更为乐观。而现实中,钢铁行业虽然一直执行去产能政策,但实际产量最近几年仍稳定增长,直到2021年因新型冠状病毒感染影响才略有下降到 10.3 亿吨[①]。这说明压减钢产量并不是一蹴而就的,应该要久久为功、坚持不懈。对粗钢峰值产量的估计,以往研究认为会在 8 亿~10.5 亿吨,随后钢铁产量达峰后将呈现逐年下降的趋势,并在 2050 年左右维持 3.6 亿~8.5 亿吨的产量。

4.4 不同生产需求影响下钢铁行业能耗和排放结果

4.4.1 能耗与碳排放变化

4.4.1.1 能耗与能耗强度

在 REF、NDC 和 CN 三种情景下,钢铁能耗达峰的时间比钢铁产量达峰时间要晚[图 4.9(a)],分别出现在 2040 年、2035 年和 2030 年,对应峰值为 31.2 EJ、25.4 EJ 和 22.1 EJ。2060 年 CN 情景下的能源消费量降低到 13.8 EJ,相比 REF 和 NDC 情景降幅达到 67.6% 和 29.5%。

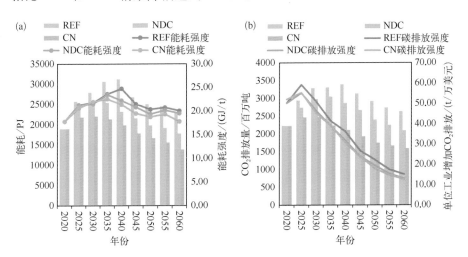

图 4.9 不同产量情景下钢铁行业能源消费和碳排放变化

(a) 能耗及能耗强度;(b) CO_2 排放量及碳排放强度

---

① 来源:https://www.miit.gov.cn/gxsj/tjfx/yclgy/ys/art/2022/art_8e817d7dd4264bff9905af4c0a655534.html。

因钢产量减少，NDC 和 CN 情景相比 REF 情景，能耗强度降幅并不显著。到 2060 年，三种情景下的钢铁能耗强度为 20.1 GJ/t、19.5 GJ/t 和 17.7 GJ/t，相比 2020 年水平，能耗强度甚至还有所升高。

4.4.1.2 碳排放和排放强度

REF、NDC 和 CN 情景下的碳排放峰值分别为 33.95 亿吨、30.55 亿吨和 24.8 亿吨，与能源消费峰值出现时间一致，即分别为 2040 年、2035 年和 2030 年[图 4.9(b)]。虽然通过产量调整也会出现碳达峰的情况，但无论是 NDC 还是 CN 情景的碳峰值都很高。到 2060 年，三种情景下的碳排放量分别为 26.4 亿吨、21.0 亿吨和 15.9 亿吨，相比于基准年变化幅度分别为 18.2%、−5.8% 和 −28.9%。这意味着，仅依靠钢铁消费需求侧变革推动气候目标实现，是远远不够的。还应该兼顾其他手段，如从钢铁供给侧采取有效措施，实现真正意义上的碳达峰、碳中和。

虽然 NDC 和 CN 情景的碳排放强度比 REF 情景均有一定降幅，但进一步比较 NDC 和 CN 情景的碳排放强度，可以发现二者区别并不大，到 2060 年，各自碳排放强度将分别为 13.13 吨/万美元和 12.78 吨/万美元。这也说明了仅依靠压降产量对于降低碳排放强度的作用比较有限。

4.4.2 大气污染物排放

本章研究主要关注 SO_2、NO_x 和 $PM_{2.5}$ 这三种大气常规污染物的排放。从图 4.10 可知，大气污染物排放变化与产量变化密切相关，即在各情景下，污染物排放峰值也出现在其相同情景下产量峰值的时间，随后开始缓慢下降。在减污效果最好的 CN 情景下，SO_2、NO_x 和 $PM_{2.5}$ 的排放峰值为 261 万吨、92 万吨和 262 万吨。到 2060 年的排放量分别为 174 万吨、53 万吨和 1645 万吨，为 2020 年水平的 66.7%、57.6% 和 63.0%，深度减污潜力巨大。

三种污染物的排放强度与排放量的变化趋势一致，即先增加并逐步到达峰值后开始下降。在 CN 情景下，到 2060 年，SO_2、NO_x 和 $PM_{2.5}$ 的排放强度分别为 2.23 kg/吨钢、0.68 kg/吨钢和 2.12 kg/吨钢，比 REF 情景下仅减少 0.21 kg/吨钢、0.07 kg/吨钢和 0.31 kg/吨钢。

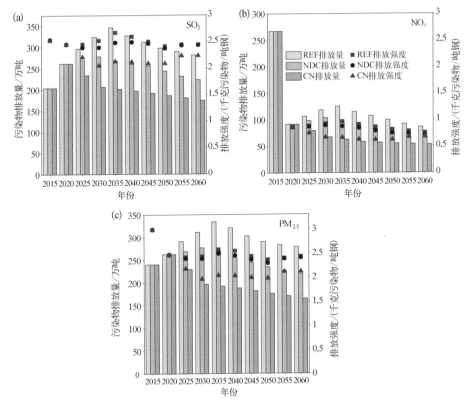

图 4.10 不同产量情景下钢铁行业大气污染物排放量

(a) SO_2 排放量；(b) NO_x 排放量；(c) $PM_{2.5}$ 排放量

4.4.3 降碳减污协同效应的测度结果

本研究根据第 3 章的式(3.12)计算得到了 CO_2 对 SO_2、NO_x 和 $PM_{2.5}$ 的协同效应敏感性系数，用以表征压减产量对降碳减污的相互影响。

图 4.11 表明，由于协同效应敏感性系数在整个研究期内均为正数，说明压减产量的确可以同时带来二氧化碳和大气污染物排放的下降。进一步观察，可以发现在 2050 年前，敏感性系数位于[0,1]，这意味着，在此期间产量下降能带来的降碳效果要弱于大气污染减排效果。敏感系数的结果越大，意味着减污效果越优于降碳效果，即 2020—2050 年钢铁产量减少更能引起大气污染物排放的下降。2050 年后，协同效应敏感性系数超过 1，说明这段时间内钢铁

产量下降对碳减排作用更显著。

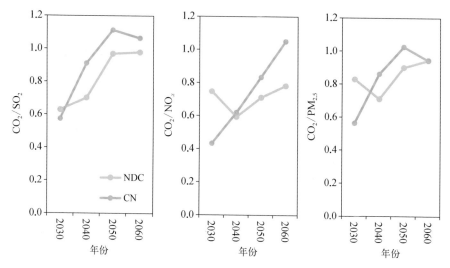

图 4.11 钢铁产量变化下降碳减污协同效应测度结果

4.5 本章小结

钢铁生产活动水平受到终端产品消费端和下游需求行业的复合影响。为模拟未来国家气候政策预期下主要用钢行业（如建筑、机械等）的钢铁需求及消费的变化趋势，本章利用情景分析等方法，设定了参考情景（REF）、既定政策情景（NDC）、碳中和情景（CN）三种不同情景，分析展望了2020—2060年中国钢铁需求和生产趋势及其对应的节能、减污、降碳影响，最后定量分析了压减钢铁产量引起的降碳减污协同效应，以期为后续章节中介绍钢铁供给侧技术结构演变动态互动奠定基础。

基于上述研究工作，本章的主要结论如下：

（1）考虑到中国未来气候和环境治理整体趋严等影响，过去持续攀升的中国钢铁需求和生产将在2025—2030年迎来下降拐点。NDC和CN情景下钢铁产量达峰拐点分别出现在2030年前、2025年前，峰值产量分别为11.6亿吨和10.7亿吨。到2060年，产量缩减到9.1亿吨和7.8亿吨。分部门看，2060

年,机械制造占全部钢铁消费量的 31.2%,成为第一大钢材消费部门;汽车制造用钢需求增加近 3 倍,上涨最为突出;房屋建筑用钢量下降最为突出,从 2020 年的 3.9 亿吨锐减到 2060 年的 1.4 亿吨。

(2) 钢铁需求和产量双降既受工业发展阶段、人口变迁等根本性原因的影响,也受用钢部门对钢材需求结构性转变等直接原因的影响。首先,工业化高质量发展、城市化逐渐成熟、人口增速逐步降低、老龄化趋势愈发明显等是未来中国钢铁消费需求下降的根本原因。其次,绿色理念普及下全社会加强对低碳循环用品的选择是未来中国钢铁消费需求下降的直接原因。最后,各用钢部门对未来钢材要求高质量化、耐用性、轻量化、注重减少单位用钢量的发展大趋势越发明确。

(3) 钢铁需求侧调整压降了粗钢产量,对钢铁行业节能、减污、降碳产生一定积极影响,但污染物排放量仍难达到控制目标要求。在粗钢产量下降最多的 CN 情景下,CO_2、SO_2、NO_x 和 $PM_{2.5}$ 四种污染物排放相比于 2020 年的削减率分别为 28.9%、33.5%、42.2% 和 37.3%,远未达到碳中和与空气质量控制目标要求的水平,这意味着仅依靠钢铁消费需求侧变革推动气候和环境目标实现,是远远不够的,还应施加其他供给侧结构调整和技术优化强化手段与措施。

(4) 压减钢铁产量作为一种减排措施,其降碳减污协同影响随时间变化有所差别。本章研究计算了协同效应敏感性系数,用来表征压减钢铁产量对降碳减污的相互影响。结果显示,2020—2050 年,钢铁产量下降对大气污染物减排影响更大;2050 年后,生产缩紧对碳减排作用显著。

第5章
中国钢铁行业实现降碳减污协同增效的技术路径优选

本章利用所构建的中国钢铁行业降碳减污协同效益综合评估模型框架，对中国钢铁供给侧当前及未来技术发展趋势进行模拟，分别对产能压减、技术升级、末端强化、用能优化、流程替代等五大路径引起的能耗、碳排放和大气污染物排放量及各自成本有效性进行核算和对比，得到有助于实现钢铁行业降碳减污协同增效的技术优选建议。

5.1 实现降碳减污协同增效的未来路径选择

近些年来，针对钢铁行业突出的"三高"问题，为实现节能、减污、降碳的绿色可持续发展目标，中国出台了一系列政策规划、法规措施来引导钢铁企业的生产行为(附录C)。其中一大类政策偏重为行业降碳减污协同治理提供方向指引，这类政策措施通常并没有提出明确的实施力度或强约束目标，而是为行业和企业提供路径和手段的不同选择，允许他们结合各自情况进行优选。具体来说，包括以下两个方面。

1. 技术改造及推广类政策

技术改造及推广类政策主要包括鼓励降碳减污技术的改造创新、发布先进清洁技术的推广清单、针对不同生产工艺或流程提出的重点行业技术的指导文件等。

2. 产业调整政策

产业调整政策主要包括通过引导结构调整实现环境目标,如淘汰落后产能、鼓励企业兼并发展规模经济,还包括经济手段激励政策,如资源税、排放税等财税政策,以及对特定技术改造或产业政策的补贴、差别电价等。目前针对钢铁行业的市场激励型政策还比较少,内容也缺乏系统性和可操作性,健全程度也远不及技术类政策。

在当前供给侧结构性改革与经济结构转型的背景下,钢铁去产能可以说是最核心、最主要的产业调整政策。"十三五"期间国家加大了淘汰产能力度,钢铁严重过剩问题有所缓解。但结构性矛盾依然突出,"十四五"期间政策除了继续压减落后产能的数量,还提出了更为严格的产能减量置换方案。这表明钢铁行业在总量调整方面将继续深化改革。

基于对上述两类政策的进一步归类梳理,行业降碳减污协同治理的实现路径可总结为产能管控、优化结构、技术升级,每条路径又分别包含了具体的政策含义和要素分解,如表5.1所示。

表 5.1　实现中国钢铁行业降碳减污协同效益的路径方向

发展方向	具 体 含 义	代表性政策文件
产能管控	以控制当前钢总产量过快增长为目的,持续开展钢铁行业供给侧结构性改革,通过设置一定的生产设备规模限制的技术指标,使落后产能和劣势企业逐步退出,同时严禁新增产能,实现产能和产量减量化发展,提高钢铁企业盈利能力。	《钢铁工业调整升级规划(2016—2020年)》《国务院关于钢铁行业化解过剩产能实现脱困发展的意见》等
优化用能及流程结构	包括两个方面的含义:(1)为降低对煤炭的依赖,提高钢铁能源消费结构中天然气、生物质能等清洁能源使用的比例,提高钢铁生产电气化水平;(2)发挥短流程生产在节能降碳减污方面的优势,推动炼铁和炼钢短流程替代长流程生产,提高废钢比。	《能源发展战略行动计划(2014—2020年)》《能源发展"十三五"规划》《可再生能源发展"十三五"规划》《废钢铁产业"十三五"发展规划》《钢铁产业调整政策》等
加快降碳减污技术水平升级	针对钢铁生产中高耗能和高排放的关键环节,加强技术创新和引进,鼓励发展节能环保技术,加快各类技术升级,包含生产过程的节能减排技术、能源资源回收利用技术和污染物末端治理技术等	《钢铁行业节能减排先进适用技术指南》《国家重点节能低碳技术推广目录(2017年本)》等

5.2 待考察技术的筛选

随着国家和企业对节能降碳减污的重视程度越来越高,中国钢铁行业持续跟踪国外先进技术动态,加快自主创新力度,推动整体工艺装备水平大幅提高。2019年全国重点钢企在钢铁产量同比增长4.8%的背景下,能耗同比仅上升3.9%,吨钢综合能耗同比下降4.8%。为建立起推行行业节能降碳减污技术成果实施运用的长效机制,国家有关部委和行业协会从2009年开始,陆续发布了钢铁行业节能减排技术适用/推广目录等技术引导政策。这些被推荐的技术通常是经过了广泛遴选、综合评估才确定的,有较好的市场发展前景,最终为实现行业节能减排目标提供技术支撑。

本研究以《国家重点行业清洁生产技术导向目录》(第一、二、三批)、《钢铁行业节能减排先进适用技术指南》《国家重点节能低碳技术推广目录(2017年本)》《钢铁行业污染防治最佳可行技术指南》《钢铁工业"十三五"规划》《绿色技术推广目录(2020年)》等已颁布的技术引导政策文件为基础,再参考大量的国内外相关报告、文献和专家咨询意见[200-209],最终筛选出57项节能降碳减污可选技术(附录D中表D.9)。

钢铁生产过程中,炼焦、烧结和炼铁工序是能耗和排放最主要的环节,因此,本研究选用的技术数量也比较多,占比为54.4%。考虑到炼铁和炼钢时采用短流程工艺有助于推动现有流程结构的优化,本研究还筛选出新型非高炉炼铁技术。此外,有些先进技术不单针对某一特定环节,还会对钢铁多个过程的节能减排都发挥作用,在本研究中列入"多工序",即碳捕集与封存(CCS)。

5.3 情景设定

5.3.1 情景概述

本章的研究周期为2020—2060年,对照上文总结的中国钢铁行业实现降碳减污协同效益的未来路径方向,除基准情景外,分别设定 5 种相应的技术路径情景,其具体描述见表 5.2。

表 5.2　钢铁行业实现降碳减污协同效益的 5 种情景设置概述

分　类	情景名称	缩写	情　景　描　述
基准	基准情景	BAU	钢铁生产参照第 4 章中碳中和情景的预测结果;行业外部环境基本保持为 2020 年情况;节能减排技术保持低惯性略微变化;能源结构调整、生产流程替代使得当前钢铁技术体系略有改变。
产能压减	产能压减	CAP	依照已出台的钢铁行业政策规定的生产技术设备规模限制,逐步淘汰钢铁落后产能。
技术升级	技术升级	TEC	减少二氧化碳排放的先进技术的普及率大幅提高。
	末端强化	EPT	对照行业排放标准,加快末端治理环节的技术升级改造,以实现行业大气污染约束性目标和超低排放改造。
结构调整	用能优化	ENE	参考国家能源结构调整和工业电气化发展规划,并对比国内外发展情况,提高天然气、氢能、生物质和清洁电力在钢铁生产能源结构中的比重。
	流程替代	STR	参考炼铁、炼钢流程在国内外的发展现状及趋势,加大更为清洁的新流程替代,包括炼铁流程的直接还原铁、熔融还原铁等,炼钢流程的电弧炉及 CCS 技术等

5.3.2　各情景具体设定

1. 基准情景(BAU)

基准情景是本章研究的对照情景和其他情景设定的基础,其钢铁产量参照第 4 章中碳中和情景的预测结果,并假定钢铁行业供给侧在基准年现状基础上继续以原本的趋势发展。具体来说,国家宏观经济参数(人口、GDP 等)以历史数据为参考,按照 IMED|CGE 模型预测结果保持平稳变化;钢铁产量则依据本研究预测逐渐进入减量阶段;节能降碳减污技术发展、钢铁用能结构、炼铁炼钢长短流程变化均不显著,假定以上技术普及率和结构变化均以每年 0.2% 的增幅变动,即低惯性发展。

2. 产能压减(CAP)

产能因素是影响钢铁工业能耗和排放的重要因素,为引导钢铁生产企业摒弃以往以量取胜的粗放发展模式，国家从"十一五"时期就开始压减钢铁产能总量，设置了计划淘汰的落后产能的技术标准，认为低于该标准的所有技术设备均应当被按期淘汰。随着"十三五"时期供给侧结构性改革推进，国家又进一步加大了淘汰力度，以抑制粗钢产量的不合理增长。本研究根据去产能政策的历史趋势，设定了到2060年具体的技术规模淘汰标准（表5.3）。

表5.3 产能管控情景下淘汰落后产能的技术参数

时间	高炉	转炉	电炉
2006—2010 年	容积小于 300 m³	产量 20 t	产量 20 t
2011—2015 年	容积小于 300 m³	产量 20 t	产量 20 t
2016—2020 年	容积小于 400 m³	产量 30 t	产量 30 t
2021—2030 年	容积小于 450 m³	产量 35 t	产量 35 t
2031—2040 年	容积小于 500 m³	产量 40 t	产量 40 t
2041—2050 年	容积小于 550 m³	产量 45 t	产量 45 t
2051—2060 年	容积小于 600 m³	产量 50 t	产量 50 t

3. 技术升级（TEC）

在此情景中，核心工作是依据行业技术目录等政策计划和有关的文献成果，设定所选降碳技术从基准年到追踪年的技术普及率。最终技术参数如附录 D 中表 D.9 所示。

4. 末端治理强化（EPT）

在钢铁行业的五年规划中，明确了在该规划期内不得突破或必须或努力实现的指标。具体到大气污染物排放约束方面，主要是规定了在五年规划期内二氧化硫排放强度的限制值和下降幅度。

钢铁行业对 SO_2 排放的控制是以单位产品的排放强度来加以限制的。本研究参考"十二五"以来的约束目标下降趋势，对 2020—2060 年的吨钢 SO_2 排放年均下降率进行假定：吨钢 SO_2 排放量每五年规划减少 50%。末端治理措施的技术普及率进一步提高，见附录 D 中表 D.9。

5. 优化用能结构（ENE）

对于工业生产来说，天然气的清洁程度、能源转换效率均好于煤炭，因此减少煤炭在钢铁能源消费中的比重,对促进节能减排协同效益和提高能效有多重益处。2016年,天然气在中国钢铁能耗结构比重仅为2%,按照国家能源发展规划和对比世界钢铁行业能源结构,假定到2060年天然气比重将上升到11%以上,电力化程度也从2016年的19%上升到2060年的38%以上。

6. 工艺流程替代(STR)

从炼铁短流程发展现状看,中国非高炉炼铁技术已经历了从无到有再到逐渐提升的历程,目前已工业化投产的煤基直接还原技术项目有近40项,总产能超过300万吨,熔融还原技术目前只有少量项目投产,以宝钢欧冶炉和山东墨龙HIsmelt等代表,总产能超过200万吨。

在当前钢铁行业"双碳"目标和环保加严倒逼下,钢铁企业越来越重视氢冶金在绿色低碳方面的优势,积极布局。2019年以来,以河钢、宝武为代表的多个氢基直接还原技术示范项目启动。本研究整理了这些示范项目已公开资料,计算出当前所有项目总产能超过150万吨。

根据非高炉炼铁相关规划和研究成果,本研究假定有关技术在基准年和追踪年的普及率如附录D中表D.9所示。

与炼铁短流程工艺类似,电弧炉短流程炼钢因其低污染物排放方面的独特优势,在政府行业规划中获得了很大重视和鼓励。但正如前章所分析,中国电弧炉炼钢工艺不能一味片面地追求高比例应用,这是因为:(1)当前电弧炉炼钢存在转炉化趋势,即多在炉内采用铁水或生铁替换废钢的做法,以降低使用废钢带来的高成本;(2)电弧炉炼钢工序本身需要消耗大量的电能,如果这些电能来自火力发电,从全生命周期角度看,这一新型工艺是否具有节能减排的协同效益实际上是有一定争议的。

基于上述的考虑,本研究利用"废钢比",而非简化的电弧炉占比,来表征炼钢流程结构的优化。采用这一指标的最大优势是,不仅能够更为准确体现废钢这一电弧炉原料在炼钢生产中的投入情况,而且还有助于在模型中更为直接体现政府引导性政策,如2015年《钢铁产业调整政策》中就规定"到'十四五'末我国钢铁企业炼钢废钢比不低于30%"。综上,本研究对废钢比到2060年的假设如表5.4所示。

表 5.4 优化生产流程情景下废钢比的参数设定

时间/年	废钢比/%
2015	15
2020	20
2025	30
2030	40
2060	60

为便于模型计算,还需要将废钢比转换为炼钢长短流程(高炉—转炉、电弧炉流程)之间的比重关系,具体折算方式为式(5.1)和式(5.2)。

$$r_{\text{scrap}} = p_{\text{BF-BOF}} \times r_{\text{BF-BOF}} + p_{\text{S-EAF}} \times r_{\text{S-EAF}} \tag{5.1}$$

$$p_{\text{BF-BOF}} + p_{\text{S-EAF}} = 100\% \tag{5.2}$$

其中,r_{scrap}为炼钢生产的总废钢比;$p_{\text{BF-BOF}}$为转炉炼钢产量占粗钢总产量的比例;$r_{\text{BF-BOF}}$为转炉炼钢的废钢比;$p_{\text{S-EAF}}$为电弧炉炼钢产量占粗钢总产量的比例;$r_{\text{S-EAF}}$为电弧炉炼钢的废钢比。为计算最大的电弧炉流程替代的节能减排潜力,根据目前最佳钢铁生产案例,$r_{\text{BF-BOF}}$和$r_{\text{S-EAF}}$的取值分别为10%和100%[210]。

5.4 结果分析

5.4.1 情景之间的原燃料消耗对比

5.4.1.1 原料消耗

为满足2020年生产10.65亿吨粗钢的需求,中国钢铁行业需要消费8.7亿吨铁矿石、4.7亿吨焦炭、2.3亿吨废钢、7.2亿吨烧结矿和1.1亿吨球团矿,是一个典型的资源密集型部门。

1. 铁矿石和废钢

铁矿石是钢铁生产过程中最重要的原材料之一。为满足国内钢铁生产的需求,钢铁行业铁矿石消费量从 2001 年的 2.2 亿吨,激增到 2020 年的 8.7 亿吨,翻了近两番。如此巨大的铁矿石需求,除了扩大矿石采选规模,还要依赖进口。中国仅 2020 年一年就进口了铁矿石 11.7 亿吨,创历史新高。但随着铁矿石价格暴涨,抬升了企业成本,影响了钢铁行业整体盈利能力。

除铁矿石外,钢铁行业中的铁元素的另一个主要来源是废钢,它与铁矿石具有一定的互相替代作用。但实际上,废钢在当前钢铁供给侧技术体系中投入比例很低,2020 年废钢比[①]只有 0.112,远低于世界平均水平(0.355)。

在基准情景(BAU)下,铁矿石到 2025 年达到消费峰值,为 10.7 亿吨(图 5.1)。随后,与钢铁产量变化趋势一致,将缓慢下降。到 2060 年,减少到 5.1 亿吨。从长远来看,铁矿石消费量将随着落后产能淘汰、能源结构去煤化、工艺流程替代、技术升级等因素逐渐减少;缺失的原料供应,将主要由废钢来弥补。因而,本研究设定的各技术路径情景下的铁矿石消费量相比基准年(2020年)均呈现下降趋势,而废钢在各情景下则均有所上升。

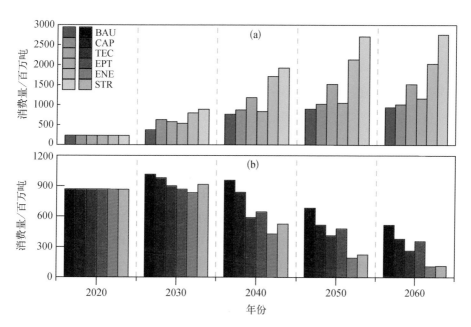

图 5.1　2020—2060 年不同技术路径情景下废钢和铁矿石消费量
(a) 废钢消费量;(b) 铁矿石消费量

---

① 废钢比是指废钢消费量与钢产量的比值,无量纲。

对比各情景下铁矿石和废钢变化趋势,可以发现,相比BAU情景,用能优化(ENE)情景和结构替代(STR)情景的变化最为显著:2060年,铁矿石消费减少了79.1%和78.1%,废钢增加了116.0%和193.8%。原因在于,第一,在ENE情景下,由于压减煤炭使用,以煤炭为主的高炉工艺受到明显抑制,而这些技术本身也消耗大量的铁矿石。第二,在STR情景下,更加鼓励废钢—电弧炉流程替代,因而也增加了废钢的使用。产能管控(CAP)和强化末端治理(EPT)情景下铁矿石和废钢消费情况与BAU情景变化不大,这说明"去产能"和提升末端治理水平这两类技术路径,对未来原料结构的作用相对有限。2060年,上述两种技术情景下,钢铁生产需要的铁矿石和废钢分别为3.7亿吨和3.5亿吨、10.2亿吨和11.6亿吨。

废钢来源于钢铁生产过程的废料再利用和社会采购废钢(下游钢材寿命到期后的循环回收)。可见,增加废钢在原料中的比重,对于国家减少进口铁矿石依赖、企业发展循环经济、降低成本均有良好的前景。

2. 焦炭、烧结矿和球团矿

污染率高的焦炭一直是钢铁生产必不可缺的工业原料。生产1吨焦炭大约需要消耗1.2~1.4吨炼焦煤,因此,炼焦过程也是当地二氧化硫和粉尘的主要来源。2019年中国共生产了4.7亿吨焦炭,连续第7年产量居世界第一位。在所有消费焦炭的部门中,钢铁行业占比超过85%。焦炭作为高炉冶金过程的燃料和还原剂是其最主要的应用,1吨钢平均需要消耗0.5吨焦炭。

从图5.2可知,焦炭的消费峰值均发生在2025年,其中BAU情景下峰值为5.4亿吨,EPT情景下为5.0亿吨。这说明,加强末端控制可显著抑制当前焦炭增长趋势,有助于污染物减排。2025年后,焦炭消费量逐渐下滑。到2060年,各技术路径情景比BAU情景分别减少了26.7%(CAP)、49.4%(TEC)、31.4%(EPT)、79.1%(ENE)和78.5%(STR)。钢铁产量下降是各情景中焦炭消费减少的共同原因。此外,高炉生产下降、焦煤使用受限等技术趋向是导致各情景降幅差异的内在驱动力。

烧结矿和球团矿,虽然都作为高炉炼铁过程的还原剂,但二者在原料配比、冶金性能上有明显差异。生产球团矿虽然不像烧结过程那样需要燃料,但利用膨润土作为添加剂,成本更高。球团矿粒度小且均匀,还原性更好,有利于提高产量。因此,虽同为高炉炉料,球团矿和烧结矿存在明显的竞争和替代关系,但现实情况是,生产生铁时使用烧结矿更多,2020年,烧结矿的消费量是球团矿的近7倍。

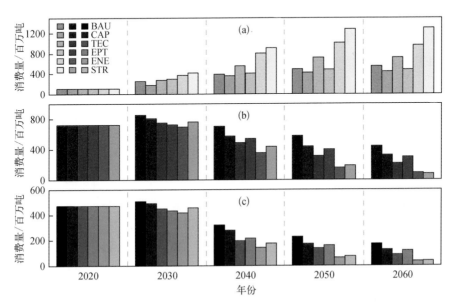

图 5.2　2020—2060 年不同技术路径情景下球团矿、烧结矿和焦炭消费量
(a) 球团矿消费量;(b) 烧结矿消费量;(c) 焦炭消费量

观察烧结矿和球团矿在各技术路径情景下的消费量变化,可以发现:首先,各技术路径均引起了烧结矿和球团矿未来"此消彼长"的变化。这在一定程度上体现了各技术路径重视节能减排的设计初衷。其次,越是重视在炼铁环节技术革新的情景,其球团矿的应用增幅就越高。STR 和 ENE 情景的原因在前面已有陈述,而对于技术升级(TEC)情景,考虑了带式焙烧技术、球团废热循环利用等技术进步,因此也对球团矿替代烧结矿具有积极影响。2060年,这三种情景的球团矿消费量将分别达到 13 亿吨、9.6 亿吨和 7.1 亿吨,比 BAU 情景上涨了 137.7%、74.8%和 31.1%。

高炉过程,推动用球团矿代替烧结矿,虽然投资和成本上会有增加,但在节能、减煤、降碳、减少废气排放等方面效果将很明显,是实现钢铁行业转型升级的一大重要方向。

5.4.1.2 终端能源消费

1. 消费总量

各技术情景的终端能源消费峰值均出现在一开始的 2020 年。到 2030 年时，ENE 情景需要消耗 15.8 EJ 的能源，比起始年少 16.5%（图 5.3）。EPT 因末端治理措施的大量应用，虽然会有助于减污，但也会增加能源使用，总计 16.6 EJ。到 2060 年，ENE 情景和 STR 情景的节能潜力最大，分别为 9.4 EJ 和 9.6 EJ，比基准情景少 32.5% 和 30.8%。

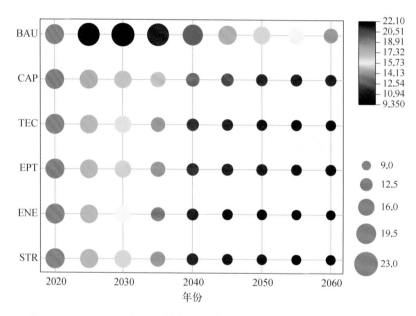

图 5.3 2020—2060 年不同技术路径情景下终端能源消费总量（单位：EJ）

2. 能源消费结构

虽然能源消费总量在各情景下的变化趋势相似，但背后的能源消费结构变化却大相径庭。在基准情景下，如图 5.4 所示，2020 年，化石能源和电力消费分别为 17.4 EJ 和 1.5 EJ，分别占终端能源消费总量的 91.6% 和 7.9%。到 2060 年，煤炭消费仍然保持在 2/3 以上，石油和天然气比重比较稳定，电气化水平提升到 14.6%，仍落后于世界平均水平（23%）。

去煤、替煤是各技术情景的共同追求，但能源转型的具体方式不尽相同。在去煤最显著的 ENE 情景下，到 2060 年，因工艺技术改变煤炭消费仅有 645.3 PJ，占比 6.89%。煤炭的替代能源主要是氢能，其消费量为 4033 PJ，占比 43.1%，比 BAU 情景增加了 3 倍多。ENE 情景反映的也是各情景中氢能消费量最多的技术发展方向。氢能来源在本章的研究框架内分为灰氢、蓝氢和绿氢，其减排效果从低到高，制造成本也是从低到高。到 2060 年，ENE 情景的氢能消费中，将有 85.4% 来自绿氢，剩下的为蓝氢 (588 PJ)。绿氢主要通过可再生能源发电获得，之所以比重高，也与 ENE 情景电源结构的改善密切相关。在发电来源中，83.7% 的电力属于可再生能源等绿电，随着绿电成本下降，绿氢的制造成本也进一步降低，因而有助于氢基技术上的推广应用。

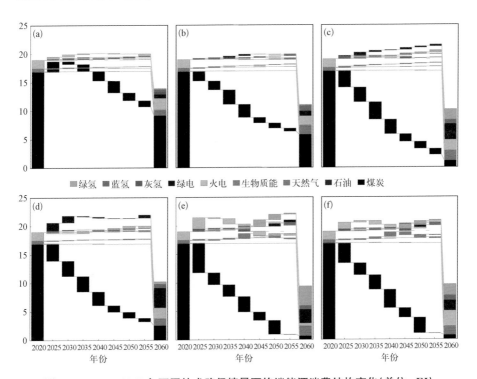

图 5.4　2020—2060 年不同技术路径情景下终端能源消费结构变化 (单位：EJ)

电气化水平提升最多的是 EPT 情景。到 2060 年，该情景下电力消费总量将达到 5.4 EJ，占能源总量超过二分之一 (52.9%)。这是因为更多的末端治理措施被部署并使用，在控制大气污染物排放的同时也加大了电力消费。但在 EPT 情景下，火电消费量为 3.5 EJ，占电力消费总量的 35%。这会引起因电力消费而产生的间接排放的增加。STR情景是另一个电力消费快速增长的技术路径,这说明基于废钢的电弧炉将是一个很有前景的降碳减污选择,该工艺流程对电力的依赖较大。但在STR发电结构内部,并没有像ENE那样具有非常高比例的绿电。STR的火电占整个电力消费的60%,比重更高。这也在一定程度上降低了STR的降碳减污效果。

生物质能在高炉工艺中可以完全或部分替代喷吹用煤粉和焦炭,在非高炉工艺中则作为煤基还原技术的替代燃料,虽然当前大规模应用条件尚不具备,但本身的绿色无碳环境效应不容忽视。生物质能应用增加最快速的是ENE情景,到2060年,将达到1.1 EJ,是基准情景用量的2.7倍,但实际上,2050年前,生物质能利用规模将维持在350 PJ左右,增速较低。到2050年,使用规模将超过1000 PJ,这说明生物质能会在研究期内的最后阶段发挥降碳减污的关键作用,这对钢铁行业实现气候和环境目标非常重要。

2020—2040年,天然气在各种情景中将是替代煤炭和石油的主力,但随后,电能逐渐成为能源转型的关键能源。到2060年,除了CAP情景,其他各情景基本不再使用天然气作为钢铁生产的主要能源。

5.4.2 降碳减污效果比较及供给侧技术转型

5.4.2.1 降碳减污效果

相比于基准情景,各技术路径均引起了一定的降碳减污协同效益,减排速度呈现先快后慢的趋势。而且,不同于基准情景下四种气体的排放峰值出现在2030年左右,各技术路径的排放均在2020—2025年前已经达峰(图5.5)。

进一步比较各情景的最终降碳减污效果差异,到2060年,实现最大减排潜力的是ENE情景,分别为9.2亿吨CO_2、109万吨SO_2、37万吨NO_x和146万吨$PM_{2.5}$,比BAU情景分别下降了42.0%、37.4%、30.2%和11.5%。但需要注意的是,即便是减排效果最好的ENE情景,2060年四种气体排放量对比基准年(2020年)的最大削减率也只有58.6%、58.2%、59.8%和42.0%。虽然通过钢铁供给侧技术改革比需求侧压减产量的削减效果更好,但从绝对量来说,仍然与碳中和、空气质量改善目标有一定差距。

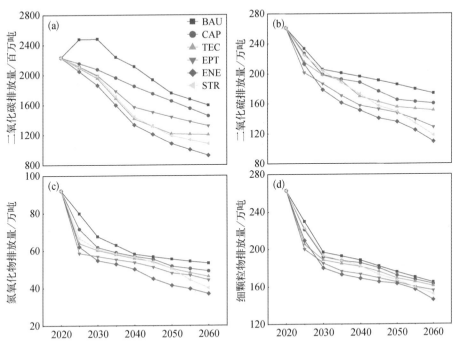

图 5.5　2020—2060 年不同技术路径情景的降碳减污效果
(a) CO_2 排放量;(b) SO_2 排放量;(c) NO_x 排放量;(d) $PM_{2.5}$ 排放量

分时间段来看待各情景下的降碳减污效果。从碳减排效果来说,ENE 情景在整个研究期间均为最高。TEC 情景在 2020—2045 年比 STR 情景更好,说明从中短期看,依靠技术进步减碳更为快速直接。但到了 2045 年后,STR 情景的深度脱碳效果终得以体现。2060 年,STR 情景比 TEC 情景又减少了近 10% 的碳排放。

再从减污效果角度看,在 2030 年前,EPT 和 TEC 情景对于三种大气常规污染物排放的抑制作用更突出。这也反映出当前我国钢铁行业节能水平对比国外先进水平仍有挖潜空间(图 5.6)。在空气污染治理上,现实中一些钢铁生产厂污染防治措施也存在着不到位的问题,甚至有些企业尚没有完全安装好必要的污染治理设备,存在无组织排放行为。这些单个排放源本身钢产量有限,污染物排放量小,但排放源数量多,导致整体排放量大。一家 500 万吨的钢铁企业,如果不加管理,每年无组织排放量将在 5000 吨以上。正在推进的超低排放改造对钢铁企业未来排放控制提出了更高的要求（表 5.5）。

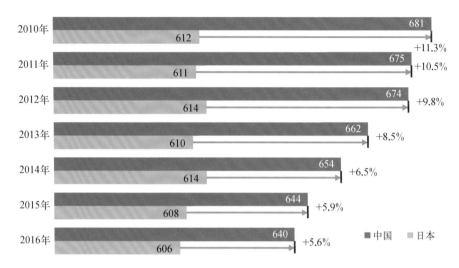

图 5.6　2010—2016 年中国和日本吨钢可比能耗比较（单位：千克标准煤/吨钢）

表 5.5　钢铁主要工序大气污染物排放标准与
超低排放改造标准的比较

单位：mg/m³

类别	烧结机头			烧结机尾		球团焙烧		
	PM_{10}	SO_2	NO_x	PM_{10}	PM_{10}	SO_2	NO_x	
新建钢铁企业排放限值	50	200	300	30	50	200	300	
钢铁超低排放指标限值	10	35	50	10	10	35	50	

2030 年起，ENE 情景的降污效果开始优于 EPT 情景，且二者差距越来越大。相比之下，CAP 情景，无论是实现碳减排还是大气污染控制，其降碳减污效果均是最差的。

本研究还讨论了吨钢减排成本这一指标的变化，即每生产 1 吨钢，可以实现多少降碳减污潜力。数据越大，则表示其减排效果越好。图 5.7 整理了不同技术路径的吨钢气体减排量优先排序。吨钢减排量数值越大，表示其对应的技术路径的减排效果越好,因而排名更靠前。

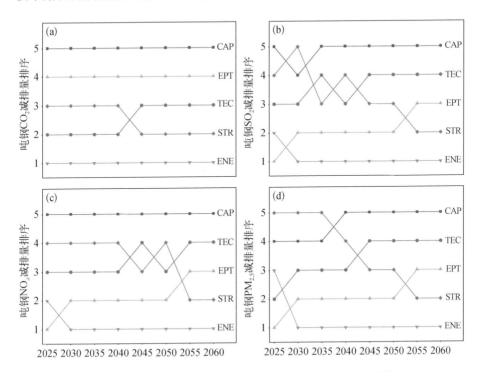

图 5.7 2020—2060 年不同技术路径的吨钢气体减排量优先排序

(a) 吨钢 CO_2 减排量排序;(b) 吨钢 SO_2 减排量排序;(c) 吨钢 NO_x 减排量排序;(d) 吨钢 $PM_{2.5}$ 减排量排序

ENE 情景具有突出的降碳减污效果,CO_2、SO_2、NO_x 和 $PM_{2.5}$ 四种气体的吨钢减排值均最大,2060 年的值分别为 0.861 tCO_2/t、8.288 tSO_2/t、2.094 tNO_x/t、2.398 $tPM_{2.5}/t$。CAP 情景则因自身减排潜力相对有限,排名最后。

在降碳方面,各情景的排名基本稳定。TEC 情景因为节能降碳技术应用更早,在 2045 年前吨钢降碳效果好于 STR,排名第二。2045 年后,TEC 情景被 STR 超过,排名第三,背后原因是 STR 中电炉钢、氢能炼钢比重快速上升,碳排放下降明显。

在减污方面,值得注意的是 EPT 情景和 STR 情景的排名更替情况。EPT 在 2025 年前是吨钢减污值最高的,随后开始稳定下降,特别是 2050 年后,最终排名下降到第三位,低于 ENE 和 STR 情景。与此相对应,STR 情景因初期新工艺流程部署慢,周期长,排名波动大,直到2050年后才更加稳定地产生减污效果。ENE与EPT情景的吨钢减污值排名则说明,末端治理虽然在初期减污作用大,但到2030年以后,源头减煤才是减污效应最好的技术路径。

5.4.2.2 生产技术转型

钢铁供给侧技术转型是不同情景下降碳减污各异的根本性原因。本研究将当前及未来主要的钢铁生产工艺概括为长流程炼钢、短流程炼钢、氢能炼钢和生物质能炼钢。

从图5.8可知,在基准情景下,2020年长流程炼钢的钢产量为9.5亿吨,是当前占比最大的生产工艺,是短流程炼钢(1.1亿吨)的近9倍。进一步对比世界其他主要产钢国的长短流程比重发现,中国的长流程钢占比是最高的(表5.6)。长流程每生产1吨钢平均要排放2.64吨二氧化碳。因此,长流程钢占比过高、铁钢比高是钢铁行业碳排放较高的重要原因。

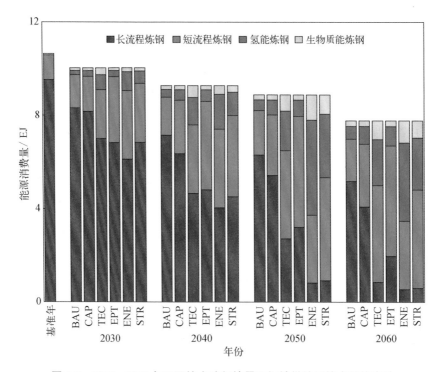

图5.8 2020—2060年不同技术路径情景下钢铁供给侧技术结构变动

第 5 章　中国钢铁行业实现降碳减污协同增效的技术路径优选

表 5.6　世界主要钢铁生产国长流程和短流程炼钢占粗钢总量的比例

国　家	转炉/%	电炉/%
中　国	89	11
日　本	75	25
韩　国	66.6	33.4
美　国	32	68
欧盟平均	58.5	41.5
世界平均	70.4	29.6

注：来源于世界钢铁协会《世界钢铁统计数据 2021》。

解决长流程排放大的难题，主要有三种思路：一是去产能，减少小规模厂高炉产能；二是在传统高炉—转炉生产过程中引入节能减排技术、部署 CCS 技术；三是使用更低排放的工艺流程替代。

第一种思路对应的是 CAP 情景。该情景是除了 BAU 情景外，长流程炼钢在各年份比重保留最多的情景，到 2060 年，长流程炼钢仍然贡献 52.6% 的钢铁产量，与此相对应的是，CAP 情景的降碳减污效果是最差的。

第二种思路对应的是 TEC 和 EPT 情景。它们的倾向是在当前技术格局基础上推广技术升级，随着 CCS 技术、高炉炉顶煤气循环技术、末端治理技术的发展和实施，长流程排放大量减少，在 2030 年前，相比于被新流程替代，更能节省投资成本。但 2035 年后，这种技术升级路径的减排潜力开始遇到瓶颈，增长速度减缓。因此，TEC 情景下，也开始大规模出现创新性炼钢工艺取代长流程炼钢的情况。到 2060 年，短流程炼钢成为比重最大的生产方式（53.3%），其次是氢能炼钢（25.5%），长流程生产则下降到每年 8510 万吨粗钢。

第三种思路对应的则是 STR 情景，它包括在炼铁环节，使用非高炉流程替代高炉流程；在炼钢环节，加快推广废钢—转炉炼钢。本研究重点考虑的非高炉技术主要包括直接还原炼铁（DRI）、熔融还原炼铁（SRI）、闪速炼铁（HFS）和熔融氧化物电解技术（MOE）等（图 5.9），其中 DRI 工艺根据所用冶炼动能的差异，还可分为煤基和氢基。后者燃烧氢能，可以进一步减少碳的使用和排放。非高炉工艺的优势在于极大简化了生产工序,几乎省略了污染较重的铁前环节,也不使用焦炭这种高能耗原料。结果显示,在STR情景下,氢能炼钢得到了较快发展,从2030年的占比5.3%增长到2060年的28.7%,长流程炼钢锐减到仅有7.8%,由此带来了显著的降碳减污效果。

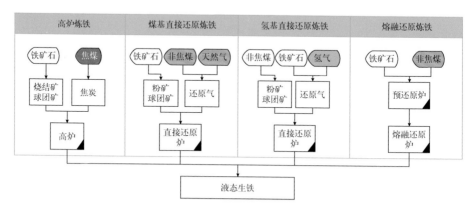

图5.9 高炉和非高炉炼铁工艺的对比

废钢—电弧炉炼钢(S-EAF)工艺在STR情景下对长流程的替代分为两个时间段。在2040年前,S-EAF工艺的增速并不十分显著。到2040年,该工艺相比基准年,增加了2.4亿吨。主要限制在于:第一,电弧炉将回收的废钢作为原料,而社会废钢循环再利用体系当前依旧处于待开发阶段,因此受到供应和成本限制;第二,电弧炉电耗高、用电成本已不容忽视,使得其技术竞争力受限。2040年开始,STR情景下的S-EAF工艺比重快速上升,到2060年已成为第一大生产方式,为4.2亿吨,贡献了超过一半的粗钢产量。

ENE情景与STR情景下各工艺发展趋势相似,但区别在于ENE情景的氢能炼钢、生物质能炼钢的比重比STR更高。这是由于ENE情景更多考虑了能源供应的去煤化,鼓励用可再生能源替代,因此随着清洁能源成本的下降,氢能炼钢、生物质能炼钢的优势得到更大提升。从2055年开始,在ENE情景下,氢能炼钢将取代短流程炼钢,成为最主要的生产工艺,生物质能炼钢也将增加2190万吨,最终形成降碳减污效果更加显著的未来钢铁生产格局。

5.4.3 技术路径的成本有效性

5.4.3.1 总成本

部署实施各发展路径和相应的技术,需要消耗大量的成本。在本章研究框架内,成本主要包括钢铁供给侧各类型生产技术的初始投资成本、运营维护成本和炼铁炼钢过程的原燃料消费成本。

从成本变化总体趋势看,由于钢铁需求下降,各情景的技术成本均比基准年有所下降。其中,CAP情景到2060年投入的总成本为1240亿美元,比BAU情景减少26.2%,是各情景中总成本最小的(图5.10)。CAP情景本质是"上大压小",随着技术规模扩大,前期投入成本高,但随着规模效应逐渐形成,投入的成本递减。从2030年开始,STR情景成为各情景中需要成本投入最多的技术路径。到2060年,仍需要投入1460亿美元,相当于基准情景总成本的86.9%。这是由于流程替代往往比单纯的技术升级(如TEC和EPT情景)需要部署更多的系统设备,还要承担在运营维护期间产生的各类费用。

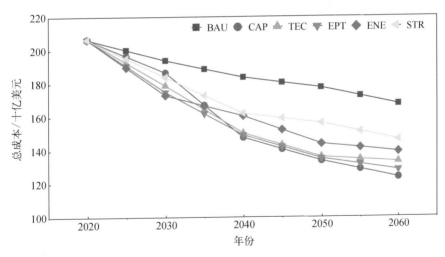

图5.10　2020—2060年不同技术路径需要的总成本投入变化

2030年、2060年ENE情景比STR情景的总成本将分别减少110亿美元、70亿美元。这两类同属于结构调整路径的成本差异说明,在钢铁生产的能源供给结构上推动减煤脱碳,包括提升电气化水平、鼓励生物质能替代等,可以缓解因氢基流程替代传统工艺流程而带来的成本高企的问题。实际上,限于篇幅,本研究模型对能源供应结构的刻画,暂时没有涵盖能源部门全部绿色选项,如果能在能源供应技术上进一步挖潜,强化钢铁部门与电力、生物质能、热力等上游供能部门的合作,会有可能进一步降低成本。

TEC 情景和 EPT 情景同归属于技术升级方向。TEC 情景与 EPT 情景的成本差值总体来说并不显著,到 2060 年,TEC 情景比 EPT 情景高 50 亿美元。但进一步探究发现,导致 TEC 情景成本略高的原因是其中 CCS 的部署。在现有高排放的高炉工艺中安装 CCS 设备无疑更加昂贵。

5.4.3.2 成本有效性

为更直观体现各技术路径的成本有效性,便于以此为基础进行技术优选,图 5.11 展示了 CO_2、SO_2、NO_x 和 $PM_{2.5}$ 四种污染物的单位减排成本曲线。其中,横坐标代表不同降碳减污路径及其对应的减排潜力(相比于基准情景);纵坐标则体现的是不同气体的单位(边际)减排成本。单位减排成本越小,技术未来投资潜力就越大,更具有成本有效性。

从成本有效性评估结果来看,2030 年,各技术路径情景对 CO_2、SO_2、NO_x 和 $PM_{2.5}$ 的单位减排成本区间分别是 $0.018\sim0.039$ USD/kgCO_2、$0.008\sim0.056$ USD/kg SO_2、$0.013\sim0.020$ USD/kgNO_x、$0.012\sim0.030$ USD/kg$PM_{2.5}$。在这个阶段,对四种气体更加具有成本有效性的情景分别为 CAP 情景、EPT 情景、EPT 情景和 EPT 情景;相反,成本有效性最差的情景则是 EPT 情景、CAP 情景、ENE 情景和 STR 情景。上述结果说明,第一,在研究初期(2030年前),去产能一项抓住了规模结构减碳和产能/产量减碳两个方面,因而具有更小的单位降碳成本,是需要坚持的路径趋向。第二,从"十三五"开始,钢铁行业的大气污染物排放强度已呈逐步下降趋势,进入"十四五"阶段,污染治理要快速推进到超低排放。从成本角度看,EPT 情景减污直接实施在排放环节,因而单位减污成本更小,但单位降碳成本却是最大的,这与该路径下碳排放量依然较大有关。第三,ENE 和 STR 等技术情景通常对现有生产结构改变甚多,比起它们降碳减污效果,成本增长更加快速,因此在 2030 年前单位减排成本均比较高。

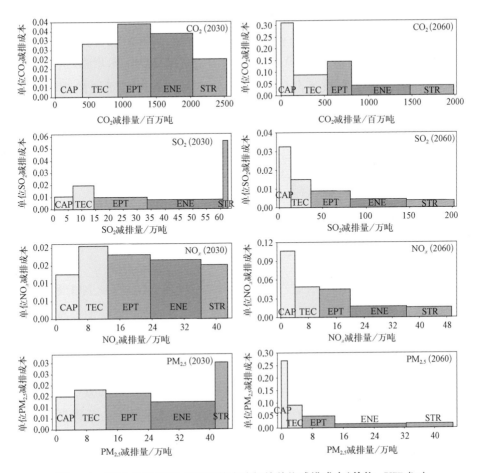

图 5.11 2030 年和 2060 年不同技术路径的单位减排成本（单位：USD/kg）

2060 年，最优和最差成本有效性路径将发生根本性改变。各技术路径情景对 CO_2、SO_2、NO_x 和 $PM_{2.5}$ 的单位减排成本区间分别是 0.041~0.310 USD/kgCO_2、0.004~0.033 USD/kgSO_2、0.016~0.0106 USD/kgNO_x、0.015~0.269 USD/kg$PM_{2.5}$。在这个阶段，对四种气体更加具有成本有效性的情景分别为 STR 情景、STR 情景、STR 情景和 ENE 情景；相反，成本有效性最差的情景则是 CAP 情景、CAP 情景、CAP 情景和 CAP 情景。可以发现，首先，各技术情景的单位减排成本相比于 2030 年均有所上升，深度减排需要投入的成本更多，难度更大。其次，去产能在 2030 年后单位减碳成本增长明显加快，到 2060 年，成为成本有效性最弱的技术路径。这与目前规模结构可长期调整和优化的空间不大有关。对决策者来说,从中长期来看,应减少这类政策的实施投入。最后,STR 和 ENE 情景的单位气体减排成本虽然也有所上涨,但与基准年相比,变化最小,这反映出经过前期的技术累积,这两种路径下降碳减污的潜力被逐渐释放,成为未来可依赖的最重要的两种发展路径。

5.4.4 结果敏感性分析

5.4.4.1 技术普及率

为讨论技术未来普及和实施程度对各情景产生的降碳减污效应的影响,本章研究在原来设定的各技术普及率的基础上,统一进行了±5%的增减调整。

图 5.12 展示了在不同的技术普及率下,2060 年 CO_2、SO_2、NO_x 和 $PM_{2.5}$ 四种气体排放减排量的变化。各情景的减排量随着技术普及率的提高而有所增加,当技术普及率比原定上升 5% 时,四种气体减排总量相比于原来结果平均上涨了 2.9%、3.1%、3.1% 和 1.2%。而当技术普及率统一下调 5% 时,四种气体减排总量则平均降低了 5.5%、3.8%、5.2% 和 6.0%。这说明,首先,未来钢铁供给侧降碳减污效果仍有潜力可挖,企业加快技术升级会获得更多的减排效果,但由此带来的成本高企等问题,也值得决策者通盘考虑。其次,为保障未来钢铁行业绿色低碳转型,应该在全面科学技术评价的基础上,对优选出的技术路径的未来实施情况进行必要的底线设计,以免出现技术普及过程不理想而导致降碳减污效果出现下滑的情况。

5.4.4.2 贴现率

出于对未来不确定性风险(如缺少公开信息、面临投资约束等)的考虑,企业在进行技术投资决策时往往会倾向于使用较高的贴现率。但公共决策者考虑到气候变化和行业规划等问题的长期性和风险性,可能更习惯选择低于投资者使用的贴现率。本章已有结果是基于 10% 的贴现率得到的。但贴现率在计算各技术路径的成本有效性具有重要作用,因此本章研究又分别选择了 5% 和 15% 这两项贴现率,对四种气体(CO_2、SO_2、NO_x 和 $PM_{2.5}$)的单位减排成本进行敏感性分析,以体现企业和决策者的不同考量。

第5章 中国钢铁行业实现降碳减污协同增效的技术路径优选

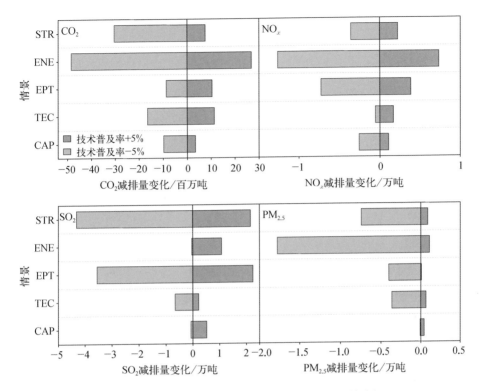

图 5.12 技术普及率变化对降碳减污效果的敏感性分析

根据不同贴现率的敏感性分析结果(图 5.13),在 5% 的贴现率下,CO_2 的平均单位减排成本为 0.127 USD/$kgCO_2$,相比于 10% 贴现率的结果,增加了 1.7%。当贴现率从 5% 增加到 15% 时,技术的单位减排成本下降为 0.119 USD/$kgCO_2$,降幅为 4.6%。大气常规污染物的单位减排成本因贴现率变化而变化的趋势与 CO_2 是一致的。贴现率增加而成本有效性下降,是由年化投资成本的上涨,以及年度运行和维护成本的变化引起的。总的来看,贴现率的变化对各技术路径的成本有效性有一定影响。贴现率上升,技术的投资回收期缩短了,有助于技术的普及。

5.5 本章小结

推动钢铁行业降碳减污协同增效,最主要的着眼点之一还应落在供给侧

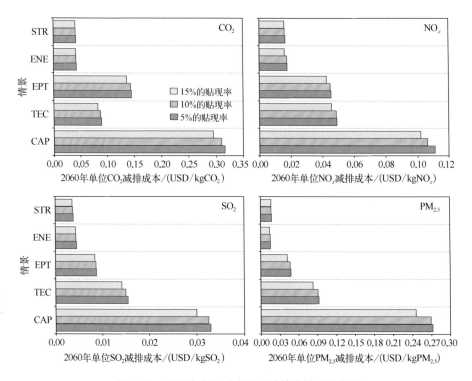

图 5.13 贴现率变化对成本有效性的敏感性分析

技术进步上。本章首先整理出 57 项待考察的降碳减污可选技术,归类为产能压减(CAP)、技术升级(TEC)、末端强化(EPT)、用能优化(ENE)、流程替代(STR)等五大路径,并设置相应情景;再利用所构建的中国钢铁行业降碳减污协同影响综合评价模型模拟五大路径引起的降碳减污效果,最后基于成本有效性分析结果,优选出有助实现降碳减污的技术路径。

基于上述研究工作,本章的主要结论如下:

(1)钢铁供给侧节能减排技术升级能够带来比需求侧调整更可观的降碳减污效果,但与碳中和及大气污染协同控制目标仍有差距。在各技术路径情景下的 CO_2、SO_2、NO_x 和 $PM_{2.5}$ 排放均在 2020—2025 年前达峰,早于需求侧调整钢铁产量所对应的排放达峰时间,排放峰值也更低。但到 2060 年,即便在实现最大减排潜力的 ENE 情景下,四种气体排放量依然维持在 2020 基准年水平的 42%～58%,表明仅仅依托现有技术路径仍难以完成深度减排目标。

(2)选择不同的供给侧技术路径,将对生产结构、原料结构和能源结构带来显著的差异化影响。具体来说,在生产结构上,氢能炼钢和短流程炼钢取代现有长流程炼钢是最有效的清洁低碳生产方式。在原料结构上,加大废钢和球团矿使用,以替代铁矿石、高污染的烧结矿和焦炭消耗。在能源结构上,去煤脱碳是所有技术路径的共同特征。但替代能源的选择各有不同:ENE情景依靠氢能、生物质能取代煤炭。特别是氢能消费中,有85.4%来自绿氢,展示了较好的降碳减污效果。生物质能则从2050年开始发挥降碳减污的关键作用。EPT情景和STR情景下电气化水平提升最多,但由于电源结构中火电比重超过60%,反而降低了这两种技术路径的降碳减污效果。天然气在钢铁能源结构转型扮演"过渡"角色。在2040年前,天然气在各个技术路径中能够取代一部分煤炭消费,但到2060年,除CAP情景外,其他技术路径的天然气占其能源消费比重已减少到5%以下。

(3)选择未来钢铁行业转型优选路径时,应更加关注和推广具有减排成本有效性的技术路径。2030年前,对CO_2、SO_2、NO_x和$PM_{2.5}$减排更具有成本有效性的情景主要是产能压减(CAP)情景和末端强化(EPT)情景。中长期来看,优选路径则变为流程替代(STR)情景和用能优化(ENE)情景。这是因为,在早期,CAP和EPT路径直接作用于高排放环节,其单位减污成本更小,可作为协同控制实施方案的重点。2030—2060年,STR和ENE同属于结构性调整,经过前期的技术投资累积,其协同增效作用逐渐释放,可作为实现长效减排的关键牵引措施。

第6章

中国钢铁行业实现碳中和与大气污染协同控制的成本效益分析

在第5章针对钢铁行业的各类技术选择及影响的分析基础上,本章主要针对钢铁行业已提出的碳中和与大气污染协同控制等多约束性目标的技术可实现性和可行路径的成本效益进行分析。

6.1 钢铁行业面临气候和环境多重约束

约束性政策目标一般要提出具体的发展规划目标,明确行业和企业的生产活动在未来必须(应该)要满足的约束条件,有时还会对实现路径提出具体的定量的要求,要求行业企业必须遵照执行(附录C)。在气候和环境领域主要有两类常见的约束性目标:

(1)规划目标。此类目标主要是指明确了在某一规划期内不得突破或必须或努力实现的指标,例如碳达峰、碳中和目标,钢铁行业五年规划和行业绿色发展目标等。

(2)行业准入条件、能耗和排放的行业标准。这类政策文件包含了最基本的行业生产、节能减排的最低约束要求,如出台了针对烧结、炼铁等高耗能高污染环节的钢铁生产能耗标准和大气污染物排放标准。

具体到钢铁行业,国家已提出的约束性目标是复合多样的,既有指导行业发展的,也有在绿色发展上的定量约束,如表6.1所示。

第6章 中国钢铁行业实现碳中和与大气污染协同控制的成本效益分析

表 6.1 中国钢铁行业发展的主要约束性政策指标

类别	指标	单位	规划期前	规划期末	五年累计变化	属性
"十二五"(2011—2015 年)						
绿色发展	单位工业增加值能耗降低	—	—	—	18%	约束性
	单位工业增加值 CO_2 排放降低	—	—	—	18%	约束性
	吨钢综合能耗下降	kgce/t	605	≤580	≥4%	约束性
	吨钢 SO_2 排放量降低	kg	1.63	≤1	>39%	约束性
行业发展	粗钢产能降低	亿吨	11.3	<10	1%~1.5%	约束性
	产业集中度	%	48.6	60	11.4%	预测性
"十三五"(2016—2020 年)						
绿色发展	能耗总量降低	—	—	—	>10%	约束性
	吨钢综合能耗降低	kgce/t	572	≤560	>12%	约束性
	污染物排放总量降低	—	—	—	>15%	约束性
	吨钢 SO_2 排放量降低	kg	0.85	≤0.68	>17%	约束性
行业发展	粗钢产能降低	亿吨	11.3	<10	1%~1.5%	约束性
	工业增加值增速	%	〔5.4〕	〔6.0〕	—	预测性
	产能利用率	%	70	80	10%	预测性
	产业集中度	%	34.2	60	>25%	预测性

注：〔〕内为年均变化率。

本章聚焦在碳排放和大气污染物排放的约束目标如何影响钢铁行业的技术转型及其成本效益分析，因此下文将首先介绍与此相关的约束目标。

6.1.1 碳达峰、碳中和目标

国内外不同研究对中国钢铁行业中长期碳排放发展趋势进行了预测（图6.1）。从碳达峰时间来看，一些研究认为钢铁行业碳达峰时期为 2015—2020年。但对照现实数据，2015 年中国钢铁部门的二氧化碳排放虽然确有短期下降，但因产量持续走高和碳排放快速反弹，截至目前仍未达峰。其他研究则认为钢铁行业将在 2025 年左右实现碳达峰。

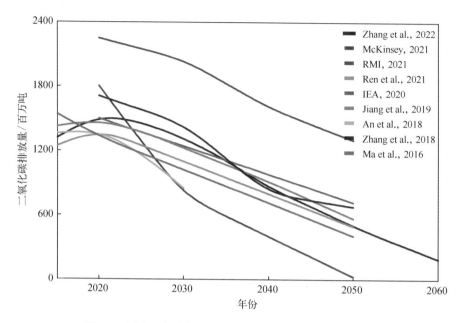

图 6.1　不同研究对中国钢铁行业二氧化碳排放的预测结果

注：Zhang et al.，2022 来自北京航空航天大学经济管理学院；McKinsey，2021 来自麦肯锡咨询公司；RMI，2021 来自落基山研究所；Ren et al.，2021 来自北京大学能源环境经济与政策研究室（LEEEP）；IEA，2020 来自国际能源署；Jiang et al.，2019 来自国家发展和改革委员会能源研究所；An et al.，2018 来自北京理工大学能源与环境政策研究中心（CEEP）；Zhang et al.，2018 来自国家环境保护生态工业重点实验室；Ma et al.，2016 来自清华大学能源环境经济研究所。

从减排量来看，很多研究表明，中国钢铁行业的二氧化碳排放峰值在 13.9 亿～22.5 亿吨；2050 年的中国钢铁行业的二氧化碳排放在 4.1 亿～13 亿吨，相较于峰值降低 60%～80%。

钢铁行业在众多气候变化研究中，普遍被定义为"难以减排部门"，相较于能源行业会更晚一些实现净零碳排放[211,212]。因此，即便在国家全局性的碳中和目标约束下，钢铁行业到 2060 年仍将存在一定量的碳排放。本研究以钢铁部门为重点研究对象，对于其 2060 年可达成的碳减排目标，综合上述多项研究预测，假定相比于 2020 年将降低 80%以上。也就是说如果钢铁行业想在未来实现净零排放，还需要依靠其他部门的负碳技术（电力负碳、碳汇）发展成果来进一步抵消。

6.1.2　二氧化硫控制目标

大气污染控制目标在钢铁行业的具体表现为：从 2011 年开始，行业五年规划及相关环保文件重点对单位产品的 SO_2 排放强度做了明确限制。本研究参考"十二五"以来的约束目标下降趋势,对 2020—2060 年的吨钢 SO_2 排放年均下降率进行假定。具体结果见表 6.2。

表 6.2　2020—2060 年钢铁二氧化硫控制目标假设

时　　期	吨钢 SO_2 排放量年均下降/%
2011—2015 年	7.8
2016—2020 年	3.4
2021—2030 年	1.7
2031—2040 年	0.85
2041—2050 年	0.43
2051—2060 年	0.21

6.2　情景设定

与前述章节一致,本章分析的基准年设定为 2020 年,追踪年设为 2060 年。基于主要的研究目标是探究单/多目标约束对钢铁行业技术可达性及其成本效益评估,故将根据不同的约束目标来设定对应的情景,各情景详细描述见表 6.3。

表 6.3　多约束目标下钢铁行业实现降碳
减污协同增效的情景设置描述

情景名称	缩写	情　景　描　述
基准情景	BAU	行业外部环境基本保持为基准年情况;行业服务需求、各技术发展、能源和流程结构变化均保持低惯性发展;钢铁产量遵照第 4 章中"碳中和"情景的产量变化。
碳中和目标约束	CN	按照 2020 版国家自主贡献新承诺,假定钢铁行业碳排放在 2030 年前达峰,到 2060 年碳排放量相比于基准年将减少超过 80%。

109

续　表

情景名称	缩写	情景描述
"双碳"目标提前实现	EC	加强和巩固钢铁关键降碳减污技术部署,提高能源和材料效率,推动结构转型,促进2050年前碳减排80%以上,提前实现本部门的碳中和目标。
气候与环境协同控制和约束	MO	综合考虑"双碳"目标和二氧化硫排放约束目标(参考第5章中EPT情景的设定)共同实施约束,这也是与现实多目标约束最吻合的综合情景

6.3　结果分析

6.3.1　碳达峰碳中和目标的环境协同效果分析

与碳排放约束目标相关的是碳中和(CN)情景和加速碳中和(EC)情景。下面分别从能源消费、碳排放与大气污染物排放、生产技术和结构转变等方面分析降碳减污的协同影响及背后成因。

6.3.1.1　能源消费和强度的改善

1. 能源消费总量

BAU情景在2020年的能源消费量为19.0 EJ,随后继续增长,并在2030年前达峰,能耗峰值为22.8 EJ[图6.2(a)]。2030—2040年,能耗变化缓慢下降,进入平台期。2040年后,因钢铁产量进入下降期,能耗也随之加快减少,到2060年,BAU情景的能耗总量为13.8 EJ,比2020年减少37.7%。

CN情景和EC情景的能耗变化则大体呈现快速下降的趋势。CN情景和EC情景的能耗峰值均出现在2025年前,分别为22.2 EJ和22.6 EJ。之所以在2020—2035年这个时期,EC情景比CN情景能耗更大,是因为在EC情景下更大规模的降碳技术被提早部署。2030年,在EC情景下以电力为主要能源来源的短流程炼钢占全部技术的比重比CN情景高出四分之一。2035—2060年,受钢铁需求下降及技术结构优化的双重因素影响,CN情景和EC情景的能耗总量降幅明显加快,平均每年下降率分别为4.6%和6.6%。到2060

年,CN 情景和 EC 情景的总能耗分别只有 2020 年水平的 46.8% 和 40%,比 BAU 情景减少 4.9 EJ 和 6.2 EJ。这说明碳约束目标的实现与能耗降低密切相关,而且碳排放约束力越强,能耗降低效果越突出。

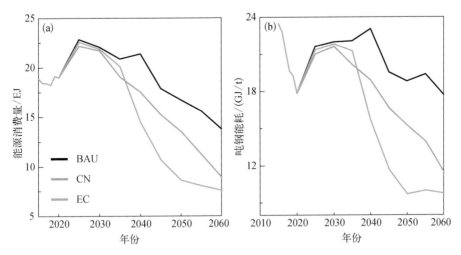

图 6.2　2020—2060 年碳中和情景下钢铁行业能源消费和强度变化
(a) 能源消费量;(b) 吨钢能耗

2. 能源强度

吨钢能源强度是在每个报告期(如每年)内每吨钢消耗的各种能源自耗总量。结果显示,BAU 情景下,由于能耗总量和产钢量持续走高,能源强度直到 2040 年才达到峰值,为 23.1 GJ/t[图 6.2(b)]。到 2060 年,能源强度降为 17.7 GJ/t,基本与基准年持平。CN 情景和 EC 情景的强度峰值则提前到 2030 年,分别为 21.6 GJ/t 和 21.8 GJ/t。这说明虽然能耗总量在 2025 年前已经达峰,但 2025—2030 年钢产量年均减少仅为 1.1%,从而限制吨钢能源强度的下降。2060 年,EC 情景的能源强度为 7.6 GJ/t,比 CN 情景和 BAU 情景分别减少 1.3 GJ/t 和 6.2 GJ/t。

6.3.1.2　终端能源消费结构的优化

本节将首先分析基准情景和碳排放约束相关情景的终端能源消费结构的演进(图 6.3),并进一步聚焦在电力结构、氢能利用结构的变化情况(图 6.4)。

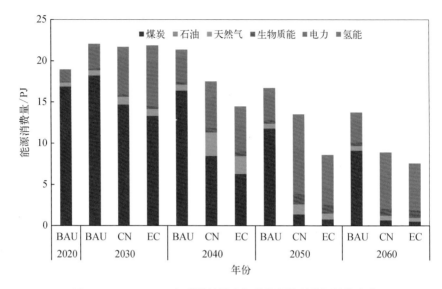

图 6.3　2020—2060 年碳排放约束相关情景终端能源结构变化

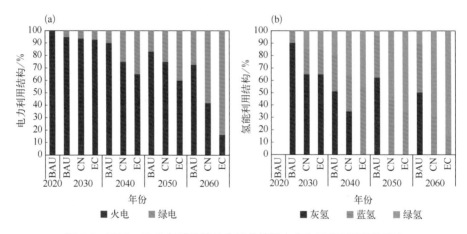

图 6.4　2020—2060 年碳排放约束相关情景电力和氢能利用结构变化
（a）电力利用结构；（b）氢能利用结构

1. 能源结构

2020 年，中国钢铁行业终端能源消费总量为 19.0 EJ，其中煤炭消费占比高达 89.0%，这也是当前钢铁行业被冠以"高污染、高排放"的本质原因之一。电力虽为第二大终端能源消费，但占比仅为 7.9%。因为在基准情景下并未施加碳排放约束和大气污染物排放约束目标，所以仅是产钢量有所降低，而化石能源消费一直保持较高水平，到 2060 年，化石能源占比仍为 70.4%。电力消费提升到19.6%,成为一部分化石能源的替代能源。至于其他新能源,如生物质能、氢能增长有限,到2060年,它们的比重仅为10%,共计1381.5 PJ。

CN情景和EC情景下,钢铁行业要实现"双碳"目标,从能源消费结构变化看,化石能源需求比例均下降明显,其中煤炭消费占总终端能源消费的比例,在2030年从BAU情景的82.5%降至CN情景的67.7%和EC情景的60.9%。2060年进一步从BAU情景的66.4%大幅下跌到CN情景的7.7%和EC情景的6.9%。背后原因是传统高煤耗炼铁炼钢技术被广泛替代,转为使用电力和各种新能源的技术和流程工艺,包括球团替代烧结过程从而减少了焦煤和焦炭的使用、生物质能在高炉环节替代煤炭投入等结构转变,以及氢基炼铁还原、废钢—电弧炉等新技术的应用。石油消费与煤炭消费削减趋势是类似的,石油消费在2060年从BAU情景的0.3%降至0.1%以下,基本退出了钢铁生产过程。

天然气虽然也属于化石能源,但相对煤炭石油更加清洁,因此在直接还原铁和熔融还原铁技术均有一定的应用。结果显示,天然气消费在CN情景和EC情景下呈现先增后降的变化趋势,峰值时间出现在2040年左右,占比分别为16.1%和14.8%,耗能2822.5 PJ和2146.5 PJ。这表明,天然气在钢铁能源结构优化过程中扮演着"过渡能源"的作用。

2. 电力结构和氢能利用结构

2020年,钢铁电力消费共计1497.9 PJ,其中几乎全来自火电。但火电本身是排放"大户",本研究的模型框架还考虑电力使用过程的间接排放及不同电源结构对实现降碳减污的作用。此外,电气化水平也是衡量钢铁用能结构调整的重要指标。2020年,中国钢铁行业电气化率仅为7.9%,远低于全球钢铁生产大国20%左右的电力使用比例。

从电气化率提升看,CN情景比EC情景在拉动电力消费方面效果更为显著。特别是2030年后,电力消费已成为CN情景下第一大终端能源,并保持到2060年,最终CN情景的电气化率为47.8%,接近一半。这印证了提升电力化水平对实现碳中和目标的突出重要性。而在EC情景下,除2020—2030年该情景的电力消费占比高于CN情景外,在剩余研究时间内,虽然电力比重已呈上升趋势,但增速明显弱于CN情景。相应地,氢能、生物质能的增速开始发力,2030—2060年,这两项终端能源消费增长超过5.5倍。为加快实现

"双碳"目标，还需要依赖减碳作用更为突出的氢能、生物质能的大规模应用。2060年EC情景下，氢能是第一大终端能源(43.1%)，其次为电力(32.0%)和生物质能(12.2%)。

从发电结构演变看，绿色电力在钢铁生产能耗中的比例明显增加。2030年从BAU情景的5.0%增加至CN情景的6.3%和EC情景的7.3%。2060年绿色电力在电力消费构成中的比例分别提升到58.2%和83.7%。上述结果表明，除了实现钢铁行业内部用能结构绿色化外，还需要借助电力装机和发电结构的深度调整和优化，来满足"双碳"目标。

氢能炼钢可实现钢铁生产完全脱碳，被认为能够带来传统钢铁冶金技术的革命性变革[213]。按照来源及是否应用CCUS技术，氢能可分为灰氢、蓝氢和绿氢。分析氢能利用结构的变化结果可以发现，由于绿氢技术目前在国内和国际上均处于试点示范阶段，因此它被用于炼钢，在基准情景下要等到2040年以后才出现。而灰氢制造过程虽然会形成二氧化碳等副产物，但由于技术相对成熟在基准情景下一直被稳定使用，因此2060年仍将有485.7 PJ。

在CN和EC两种情景下，氢能消费均表现为快速增加，但具体构成上则有所不同。EC情景下，灰氢彻底退出时间提前到2035年前，CN情景则为2040年。蓝氢作为制氢的一种中间路线，在CN情景下占比要高于EC情景。两种情景在2060年的绿氢消费分别为2787.8 PJ和1777.2 PJ。

6.3.1.3 碳排放与主要大气污染物排放

在BAU情景下，二氧化碳排放在2030年达峰后，因钢产量下降，后又逐渐降低，到2060年碳排放为15.9亿吨，自然削减率仅三成（图6.5）。CN情景和EC情景则具有极其明显的总量减排成效。与BAU情景相比，2020—2025年被认为是尽快达峰阶段。两种情景下的达峰时间分别提前到2025年左右和2020年，峰值为22.3亿~22.6亿吨。2025—2040年属于快速阶段减排，这15年碳排放分别下降四分之一和三分之一。高速降碳背后共同的原因是钢铁生产电力快速替代煤炭，相关用电新技术被大量部署；同时氢能经过前十年的稳定增长，开始迎来技术应用的爆发期。2040—2050年为稳定降碳阶段，碳排放在CN情景和EC情景下，每年平均降幅为3.7%和5.3%。2050—2060年则是全面碳中和阶段，这个阶段，二氧化碳排放下降开始放缓。到2060年，

CN 情景和 EC 情景的碳排放量为 4.5 亿吨和 3.6 亿吨,相当于 2020 年碳排放水平的 20% 和 16%。吨钢碳排放强度与碳排放量变化趋势类似,2030 年和 2060 年,CN 情景和 EC 情景的碳排放强度分别为 1.95 tCO_2/t 和 1.74 tCO_2/t,0.57 tCO_2/t 和 0.46 tCO_2/t。

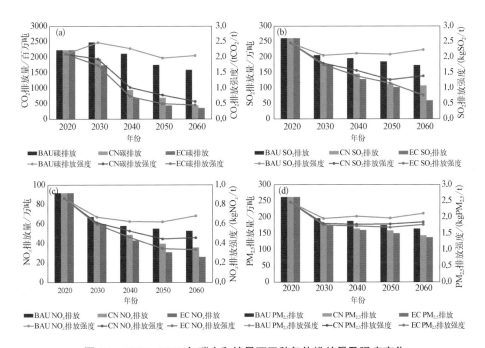

图 6.5　2020—2060 年碳中和情景下四种气体排放量及强度变化

(a) CO_2 排放量和强度;(b) SO_2 排放量和强度;(c) NO_x 排放量和强度;(d) $PM_{2.5}$ 排放量和强度

　　CN 和 EC 情景在大幅度降碳的同时,也带来了良好的大气污染物协同减排效果。对 SO_2、NO_x 和 $PM_{2.5}$ 这三种常规污染物来说,无论是排放总量还是排放强度均逐渐下降。这反映出碳排放和空气污染物排放具有典型的同源、同过程的特性。进一步比较 CN 情景和 EC 情景的污染物减排效果可以发现,实施更严格的碳中和约束,会增加降碳减污的协同效果。到 2060 年,相比 CN 情景,EC 情景中的 SO_2、NO_x 和 $PM_{2.5}$ 三种污染物分别减少 48.2 万吨、9.7 万吨和 6.1 万吨,强度分别降低 0.62 kg 气体/吨钢、0.12 kg 气体/吨钢和 0.08 kg 气体/吨钢。这意味着,在三种污染物中降碳对 SO_2 减排的协同作用更为明显。

6.3.1.4　生产技术和结构转型

　　在 CN 情景和 EC 情景下,实现钢铁降碳减污协同增效的驱动力和途径来自钢铁生产技术和流程结构的优化(图6.6)。并且能够明显看到长流程工艺逐渐被废钢短流程、氢能炼钢、生物质能炼钢等工艺技术替代。2020年,长流程在所有工艺技术的比重高达89.5%左右,到2030年,这一比重将减退到68.1%(CN情景)和61.1%(EC情景)。下降的技术应用份额,则主要由短流程炼钢替代,替代比例为67.9%(CN情景)和75.0%(EC情景)。剩余则由氢能炼钢补充,氢能炼钢产钢量为5330万吨(CN情景)和7990万吨(EC情景)。到2060年,长流程工艺继续下降到只有6.9%,产钢量只有5380万～6030万吨。对于CN情景和EC情景,2060年应用最多的工艺技术则表现出不一致的情况:短流程工艺在CN情景居多;而氢能炼钢,特别是绿氢炼钢在EC情景下最为发达。

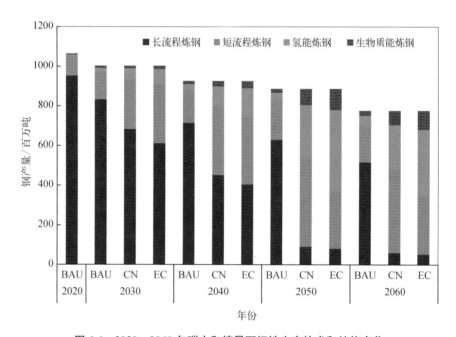

图6.6 2020—2060年碳中和情景下钢铁生产技术和结构变化

6.3.2 碳中和与大气污染控制多重约束目标的降碳减污效果分析

本节引入了协同控制(MO)情景分析,即同时实现"双碳"目标和空气污染约束的情况下的降碳减污效果(图6.7),本部分将重点比较MO情景与BAU、CN情景的结果差异。

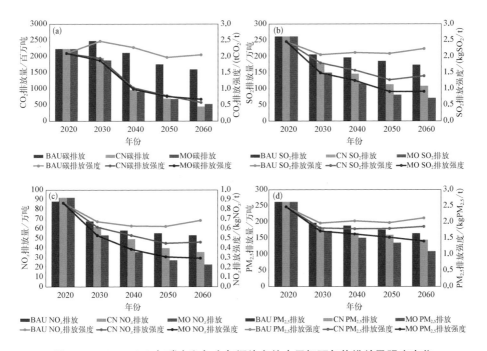

图 6.7　2020—2060 年碳中和与空气污染多约束目标下气体排放及强度变化
(a) CO_2 排放量和强度；(b) SO_2 排放量和强度；(c) NO_x 排放量和强度；(d) $PM_{2.5}$ 排放量和强度

6.3.2.1　降碳效果对比

在 MO 情景下，CO_2 排放从基准年一开始就达到峰值，这比 CN 峰值时间（2025 年）要有所提前。说明在早期阶段，实施多约束目标能够比只实施"双碳"目标约束具有更好的降碳效果，并且到 2030 年，MO 情景的碳排放比 CN 情景还要少 4.1%。

2060 年 MO 情景的碳排放量为 5.2 亿吨，相比于基准年削减率为 76%，但低于 CN 情景的 20%。这反映出钢铁行业绿色转型进入后期，多约束目标情况的降碳协同作用降低，反而不如单一实施碳约束目标的降碳效果。这一协同效果的"分水岭"出现在 2055 年左右。2055 年后，MO 情景的碳排放仍然强于单一目标情景，比 CN 情景减少 2870 万吨。

6.3.2.2　减污效果对比

MO 情景和 CN 情景下，三种大气常规污染物排放的峰值均出现在 2020 年，与产量达峰时间一致。在 MO 情景下，2030 年的 SO_2、NO_x 和 $PM_{2.5}$ 排放分别降为 2020 年的 57.0%、57.8% 和 65.5%，治污效果优于 CN 情景。这表明在 2020—2030 年，多约束目标的同时作用能够将 CN 情景只关注一种气体减排的实际降碳减污效果进一步提高。不同于降碳协同效果会随着时间前后有转折，多目标的减污协同效果一直优于只实施单一目标的效果。即在整个研究期内，MO 情景比 CN 情景的减排量都要高。

6.3.2.3 钢铁技术和能源结构转变

如前所述，三种空气污染物明显下降，在初期得益于 MO 情景下末端治理技术的高比例应用，而 2030 年后，二氧化碳减排协同作用出现则得益于末端治理技术所能达到的减排潜力基本兑现后，钢铁生产技术和能源结构出现持续性变革。

在 MO 情景下，2020 年煤炭和火电消费占比分别为 88.9% 和 7.9%（图 6.8）。随后为实现相关约束目标，末端治理技术等空气污染控制技术开始被持续部署。钢铁生产总能耗和总电耗继续增长，总能耗达峰出现在 2025 年左右，峰值为 23.4 EJ。耗电量仍继续上升，一方面满足治污减污技术的需求，另一方面，消耗大量电力的短流程工艺更多地被投入钢铁生产。在 MO 情景下，2060 年短流程工艺是所有炼钢技术中比重最大的技术分类，超过 53.3%，提供了 4.2 亿吨钢产量。同时发电结构也持续优化，绿电装机占全部电源装机的比重从 2030 年的 6.9% 激增到 2060 年的 27.7%，从而在保障大体量电力需求的同时，持续发挥降碳减污协同作用。

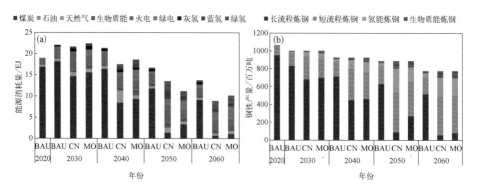

图 6.8 2020—2060 年碳中和与空气污染多约束目标下能源和技术结构变化
（a）能源结构变化；（b）技术结构变化

实施单一"双碳"目标与同时实施碳目标和空气目标,对钢铁生产格局的不同影响体现在短流程炼钢和氢能炼钢占全部生产方式比重的差异上。在CN情景下,短流程炼钢一开始增速很快,在实现2030年碳达峰目标时,其占全国各种炼钢方式的25.2%。MO情景下则为20.8%。到2060年,短流程炼钢的比重继续上升到54.1%。MO情景下也增加到53.3%,与CN情景差距接近。CN情景下氢能炼钢是仅次于短流程炼钢的第二大产钢方式,在2040—2050年增长最快,年均增速为17.3%。MO情景和CN情景差异的另一个表现是电力结构的差异。2060年,CN情景下,火电和绿电比为1∶1.5,MO情景下则是1∶0.7。

6.3.3 不同目标约束的成本效益分析

6.3.3.1 界定成本和效益的构成

本章研究立足于全社会视角,系统考察了中国钢铁行业在实现气候和环境约束目标过程中可能发生的各类影响,构建比较完整的成本效益分析框架(表6.4)。随后根据本章的研究目标,又选取其中与能源、气候、健康相关的成本效益加以定量分析。

表6.4 多约束目标下钢铁行业降碳减污
协同增效的成本效益分析框架

门类	大类	小类	说明
效益	气候效益	产钢原料减少导致上游开采、运输、制备等环节排放降低的效益。	0
		钢铁技术和生产流程改进对应的碳减排效益。	1
	健康效益	产钢原料减少导致上游开采、运输、制备活动大气污染物排放下降所避免的过早死亡和患病。	0
		碳减排对温升、极端天气等影响及其健康效益。	0
		钢铁技术和生产流程改进对应的大气污染物排放下降,导致$PM_{2.5}$长期人口暴露浓度边际意义上的降低所避免的过早死亡和患病。	1过早死亡;0患病
	其他效益	钢厂生产设施建设、运行和维护过程中的废气、废水、噪声和固体废物等排放造成的环境效益增加。	0

续 表

门类	大类	小类	说明
成本		因减少油气消费而降低对外依存度所产生的国家能源安全效益、减少因油气价格冲击而导致的经济效益。	0
	能源成本	钢铁技术和生产流程消耗的各类能源成本变化。	1
	经济成本	新部署钢铁技术和流程而投入的初始投资成本。	1
		新部署钢铁技术和流程而投入的运营维护和处置成本。	1
	其他成本	为钢铁新技术投入而负担的人力成本和时间成本,如劳动力的能力建设成本等	0

注:"1"表示本章研究进行了实物量化和货币化估计;"0"则标记为因各种原因(如数据可得性导致估算难度大、自身量级有限导致在同类别中实际比重极小可忽略等)未进行定量分析。

综上,本章研究将与钢铁生产全过程社会资源消耗(不管是资源消耗还是资源节约,后者将以负值表征)相关的项目放在成本一侧,将与气候和健康影响(同样,不管是气候和健康提升还是气候、健康损失,如是后者也将以负值标记)相关的项目放在效益一侧。具体来说,重点关注的可量化的"效益"包括两个部门:(1)气候效益,即钢铁技术和生产流程改进对应的货币化的碳减排效益;(2)健康效益,即钢铁生产改进带来的大气污染物(本章研究中主要是 $PM_{2.5}$)长期人口暴露浓度降低所避免的健康终端案例数,并以货币值来表征。需要说明的是,健康终端实际上应包括避免的过早死亡和患病,但过往健康研究统计,患病的健康效益往往量级比较小[214],因而本章研究将只考虑因空气质量改善而避免的过早死亡这一种健康终端。

6.3.3.2 成本分析

图 6.9 显示了实现气候和环境目标需要额外投入的成本(相比于基准情景)。其中,无论是碳约束目标情景还是大气污染物排放控制情景,均有明显的节能效果。因此,相比于基准情景,各情景的能源成本投入实际为负值。

第6章 中国钢铁行业实现碳中和与大气污染协同控制的成本效益分析

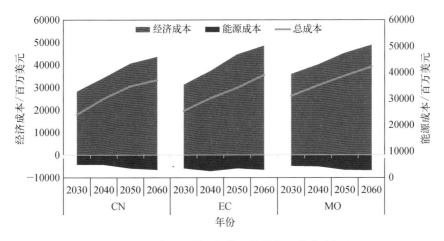

图 6.9 各约束目标情景与基准情景相比的成本投入

从总成本来看,在整个研究期间各情景的所有成本均不断上涨,这是因为活动水平的提高和更严格的控制措施,反映出钢铁行业实现碳排放和大气污染物排放目标是一个持续性高投入的过程。MO 情景和 EC 情景是总成本最大的两个情景,这反映在 2060 年分别需要投入 422 亿美元和 390 亿美元,CN 情景也高达 371 亿美元。综合来看,实现碳中和目标比大气污染控制需要付出更多的成本。对于钢铁行业,碳排放约束不仅意味着清洁技术的大量部署,更依赖全局性和颠覆性的创新技术和流程改造,后者的经济成本要高得多。因此,决策者和行业应尽早明确未来产业结构布局,锚定新兴技术的攻关方向,提升研究创新能力,将有助于压缩未来成本投入,创造更多效益。

6.3.3.3 健康效益

1. $PM_{2.5}$ 浓度改善

2019 年,钢铁产量位居前 5 名省份的 $PM_{2.5}$ 平均浓度比全国高 30.2%,可见钢铁行业已成为大气污染治理的重点攻坚领域。本研究还测算了各约束目标情景下全国 31 个省区市 $PM_{2.5}$ 浓度改善情况。随着钢铁行业为适应气候和环境约束目标而采取各种清洁化举措,2020—2060 年各省份 $PM_{2.5}$ 浓度持续下降,尤其是在污染较重省份降幅普遍更大。以河北省为例,2019 年该省年平均 $PM_{2.5}$ 浓度为 58 $\mu g/m^3$,居全国首位。到 2060 年,与基准情景相比,$PM_{2.5}$ 浓度在 CN、EC 和 MO 情景下,分别下降 2.57 $\mu g/m^3$、10.57 $\mu g/m^3$ 和 11.84 $\mu g/m^3$,为全国平均降幅的 2.6～2.9 倍。另一个值得关注的地区是北京市,为保证 2008 年北京奥运会的顺利举办,首钢集团搬迁到周边沿海地区后,北京地区的钢铁已全线停产。但由于"跨界污染效应",北京地区的 $PM_{2.5}$ 浓度变化不仅取决于本地污染源的强度及其扩散效率,还受邻近地区的跨界污染影响。因此,在各约束情景下,因周边地区空气质量改善,北京市 $PM_{2.5}$ 年均浓度亦有所改善,到 2060 年各情景降幅在 1.87～7.79 $\mu g/m^3$。类似地区还有河南省和天津市,它们各自的钢铁产量占比虽不在全国前列,但因周边皆是产钢大省,$PM_{2.5}$ 浓度降幅也超过全国平均水平,这反映出加强污染物排放区域协同和省际合作是非常必要的。

横向比较各情景的 $PM_{2.5}$ 浓度变化可知,到 2030 年,MO 情景下 $PM_{2.5}$ 浓度降幅最大(均值 0.6 $\mu g/m^3$),EC 情景次之。到 2060 年,MO 情景下 $PM_{2.5}$ 浓度降幅也是最大,其次是 EC 情景,而 CN 情景下浓度减少量最小。这说明,从中短期看,实施污染物控制措施的作用对空气质量改进作用更为直接和显著;从长期看,加快实现"双碳"目标也可以带来更明显的空气质量改善,但实施污染物控制措施的作用仍然无法被替代。因此,基于大气污染物与二氧化碳的同根同源性,应通过设计科学合理的协同路径,推动长期降碳减污一体部署、一体推进,实现协同增效。

在各约束情景中,仅有 MO 情景到 2060 年可达成的平均浓度低于 35 $\mu g/m^3$,即达到中国空气质量二级标准,但无论哪一种情景,均与世界卫生组织(WHO)推荐的空气质量指南(air quality guideline,AQG)水平存在不小差距。这也表明,只有进一步推动其他行业协同减排,才有可能真正实现"美丽中国"目标,推动中国空气质量根本改善。

2. 健康影响的实物量与货币化结果

累积型的空气污染问题给社会和公众健康带来了迫切的挑战。在中国,每年大约有 100 万人的过早死亡与大气污染物排放相关[215]。中国钢铁行业实现碳中和目标、空气污染控制目标,将具有显著的空气质量改进效果,能够大大减少因空气污染导致的过早死亡。

本研究进一步估算了各情景下中国 31 个省区市由 $PM_{2.5}$ 引起的五种

疾病的过早死亡，包括慢性阻塞性肺炎、肺癌、缺血性心脏病、脑血管疾病和下呼吸道感染。在上述死因中，缺血性心脏病诱发了绝大多数与$PM_{2.5}$相关的过早死亡。结果显示（图6.10），大量与$PM_{2.5}$相关的过早死亡可以通过实施更严格的空气污染物排放措施和长期深入的碳减排措施来避免。

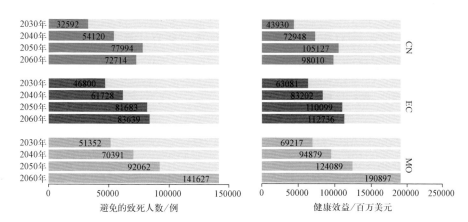

图6.10　中国钢铁行业实现气候和环境约束目标避免的早死人数及健康效益

在基准情景下，2030年与$PM_{2.5}$相关的过早死亡人数约为112.2万例（95％置信区间），到2050年、2060年将增加到113.2万例、112.8万例。当碳中和目标（CN情景和EC情景）实现时，2060年可避免的过早死亡人数可能分别达到7.3万例和8.4万例，对应的货币化健康效益为980.1亿美元、1127.4亿美元。而通过进一步控制污染物排放（MO情景），则可以在2060年分别避免14.1万例过早死亡，占同年基准情景下总死亡人数的12.5％，可获得1909.0亿美元的健康效益。可见控制大气污染物排放具有更好的健康影响，即避免的过早死亡人数要大于实现碳中和情景下能够避免的过早死亡人数，因此，直接作用于空气质量本身的约束目标在研究周期依然是最为有效的健康改进手段。当然，也不能忽视碳中和约束对于健康影响的正向作用。因为当两类控制目标共同作用时，能够避免的过早死亡人数是所有约束情景中最多的，比单一实现环境约束目标高出40.6％。

6.3.3.4　气候效益

碳的社会成本（SCC）被用来量化一项政策因二氧化碳排放的变化而对气

候变化产生的货币价值,具体计算时还通常会转换为某一年的不变价,便于综合比较。在本章研究中各情景碳排放的变化乘以SCC,将结果加到情景的预期收益中,从而帮助政策制定者和其他决策者了解钢铁行业实现气候和环境目标过程中产生的气候效益。

但如前章所述,计算SCC的过程会不可避免地引入一些不确定性的假设,如未来经济增长率和气候系统响应大小等。这导致SCC最好表示为一个可能的数值范围,而不是单一的数字。据此,本章研究计算得到的气候效益亦表征在一个结果区间内,如图6.11所示。

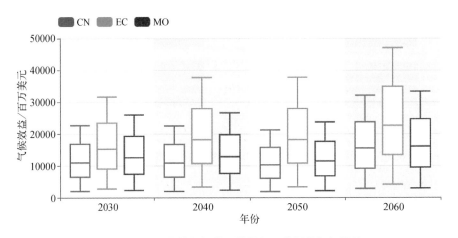

图6.11 各约束情景与基准情景相比获得的气候效益

对比各情景可以发现,EC情景是对碳排放施加更严格的约束,它的降碳效果在研究期间最为显著,因而气候效益也是最大的。以所有估计的平均值为代表,到2060年高达160.1亿美元(28.8亿～332.5亿美元),超过最少的MO情景46.8%。再比较CN和MO情景结果,可以发现二者在2020—2040年气候效益的差值呈逐年递增趋势,而在2040年后差值递减。这表明,空气污染物排放控制对碳减排的协同作用也呈现先加强后减弱的趋势。

6.3.3.5 社会净效益

图6.12总结了本章研究重点关注的经济、能源、健康、气候等4项相关的成本和效益分析结果。

第6章　中国钢铁行业实现碳中和与大气污染协同控制的成本效益分析

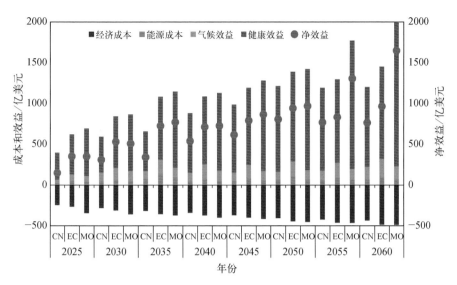

图 6.12　钢铁实现碳中和与空气污染控制目标的成本效益分析

结果显示，各情景下均具有正的社会净效益，这可以帮助决策者坚定在钢铁行业实现碳中和目标和空气污染物排放控制的信心和决心。并且，社会净效益会随着时间的推移而不断增加，2030 年为 529 亿美元（EC 情景），2050 年为 967 亿美元（MO 情景）。2060 年这一数字最高提升到 1647 亿美元，相当于当年 GDP 的 0.6%。即便仅考虑人群健康的改善，货币化的健康效益足以抵消钢铁行业转型的技术投入成本，它也是各种效益比重最大的部分。而健康效益的获得得益于空气质量的持续改善，因而，大气污染物排放控制目标下各种措施是长期重要的。

从碳约束和污染物排放协同影响上看，仅实现碳中和目标（CN）虽然也能获得一定的社会净效益，但与其他情景相比是远远不够的。2025年和 2030 年时，CN 情景下净效益分别为 147 亿美元和 308 亿美元，仅为 MO 情景的 42.4% 和 60.9%。当加快实现碳约束目标（EC）时，在 2020—2030 年，该情景的社会净效益均超过了 MO 情景。因为前者会加速现有钢铁生产格局的颠覆性革新，这些新技术除了能够大幅度降碳，本身也具有良好的减污作用。这个时间段内，碳目标起主要作用，能够带动污染约束目标的实现。而从 2035 年以后，MO 情景的净效益超过 EC 情景,这证明,长远来看,碳约束目标对污染控制目标带动作用变弱,要实现更大的社会净效益就需要坚持做好降碳减污双控,不宜偏废其一。

6.3.3.6 结果敏感性分析

在前文分析气候效益时,本研究已经指出了碳的社会成本(SCC)可能导致成本效益评估结果具有一定的不确定性。此外,以往的研究还表明健康影响评估的不同估算方式也将直接影响成本效益比较结果[188,216]。为提高研究结果的稳健性,还需要进一步研究,将上述环节可能的变动进一步纳入整体的成本效益分析中。具体做法和结果如下。

一般认为,易感人群规模、所在地点、时间、VSL取值等因素对健康影响估计有重要影响。从目前已掌握的数据来源来分析,本研究的健康效益可能被低估,原因包括:(1)未来人口流动会对不同省份长期人口暴露水平具有不确定性;(2)GAINS模型对中国不同省份各类健康终端的估计采用同样的死亡率数据,缺乏一定的区别对待;(3)只重点考虑了25~65周岁成年人的健康影响,但是一些新的研究证明,青少年和儿童受空气质量改变的健康影响不容忽视;(4)VSL被用来计算避免过早死亡人数的货币价值,它的取值与所在地区和个人收入等因素紧密相关,例如,OECD国家均值为337万美元,韩国为534万美元,而本研究采用的中国均值为135万美元。

因此,本研究将现有 VSL±25% 重新取值用来估计健康效益,观察健康效益对社会净效益的贡献,并与气候效益的变化范围汇总在一起,分为高、低两种情形(图6.13)。

在不同的 VSL 和 SCC 下,各情景的成本效益分析结果发生一定的变化。例如在高情形下,CN 的社会净效益在 2030 年和 2060 年分别为 445 亿美元和 1047 亿美元,均有所提高。因为当前 VSL 在中国的结果往往低于发达国家,但随着未来中国经济持续走高,人们更愿意选择支付更多代价来规避空气污染引起的过早死亡(高情形下 VSL 提高),而不是等健康损害发生后再补救,因此钢铁绿色低碳转型的社会净效益也会进一步扩大。EC 和 MO 情景的敏感性分析结果也呈类似趋势。

第6章 中国钢铁行业实现碳中和与大气污染协同控制的成本效益分析

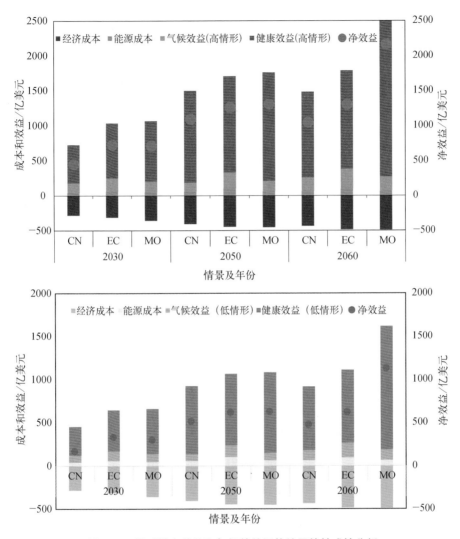

图 6.13　针对健康效益和气候效益评估结果的敏感性分析

另一个重要的发现是，无论是提高还是降低 VSL 取值，都不会改变各情景的健康效益将远高于经济成本的事实。即便在起始阶段，如 2025 年，虽然钢铁绿色改造尚未全部实现，但在 CN 情景下健康效益仍比总成本高出 24 亿美元，并且未来这一差值还将进一步扩大。这与之前的研究结论一致[217,218]，他们指出健康影响评估的不确定性可能会影响成本效益比的结果，但不会对定量结果产生决定性影响。

值得关注的是,EC 情景的社会净效益结果原本在 2030 年前都是优于 MO 情景的,但当 VSL 和 SCC 变动后,在低情形下,MO 情景超过 EC 情景的时间被推迟到 2045 年。这表明,加快实现"双碳"目标对增加健康效益和气候效益的影响可持续更长时间。不过以 2060 年为考察终点,四种情景的社会净效益排序依然是 MO>EC>CN。

6.4 本章小结

本章先根据已提出的碳达峰、碳中和目标及钢铁行业大气污染物排放约束等多个政策目标设置情景,即仅实现碳达峰、碳中和目标(CN),加快"双碳"目标提前实现(EC),以及同时实现碳中和与大气污染控制约束目标(MO)等情景。再重点讨论了各情景下节能、减污、降碳效果及其技术变迁。最后,基于所构建的成本效益分析框架,对比了各情景的协同效益和成本评估结果及其政策含义。

基于上述研究,本章的主要研究结论有:

(1)"双碳"目标下钢铁行业碳排放峰值为 22.6 亿吨。到 2060 年,碳排放将压减到 4.5 亿吨,仅为 2020 年基准年的 20% 左右。这表明,钢铁行业具有极大的减排空间,完全有潜力为我国碳中和目标做出重要贡献。钢铁行业实现碳中和目标的驱动力来自钢铁生产技术和流程结构的优化。分阶段看,2020—2025 年为尽快达峰期,碳达峰出现在 2025 年前,早于钢铁产量达峰。但长流程炼钢在全部生产方式中的比重仍有 68.1%。2025—2040 年为快速减排期,后期碳排放锐减到仅有 2025 年水平的四分之三以下。高速降碳的原因是电力快速替代煤炭,废钢—电弧炉炼钢大量替代长流程炼钢,氢能炼钢也迎来技术应用的爆发期。2040—2050 年为稳定降碳期,碳排放年均减少 3.7%,氢能炼钢比重保持增长。2050—2060 年则是全面碳中和阶段,长流程工艺减少到只有 6.9%,短流程工艺成为占比最多的产钢方式。这印证了提升电力化水平是实现碳中和目标的重要技术支撑。对比 2060 年 CN 情景和 EC 情景的差异发现,绿氢炼钢代替短流程工艺成为 EC 情景下最主要的生产方式。氢能

第6章 中国钢铁行业实现碳中和与大气污染协同控制的成本效益分析

炼钢是深度脱碳更具有突破性的重要举措,但其实现需要一定前提。如果以火电电解制氢,碳排放反而更大,因此 EC 情景下与高比例绿氢炼钢相配合的是高比例绿电(占电源结构的 83.7%)。

(2) 与实施碳中和单一目标相比,同时实施"双碳"目标和空气污染物排放限值多约束目标具有更好的减污协同效应,而降碳协同效应随时间而异。在整个研究期内(2020—2060 年),MO 情景比 CN 情景的减污效果都更显著。2060 年,MO 情景的 SO_2、NO_x 和 $PM_{2.5}$ 排放量比 CN 情景分别减少了 34.7%、35.7% 和 24.4%。对降碳协同来说,在 2050 年前,MO 情景的碳减排也优于 CN 情景。2050 年后,MO 情景的额外减排幅度变缓,到 2060 年,该情景的碳排放量为 5.2 亿吨,高出 CN 情景 779.4 万吨,反而落后于单一实施碳中和目标的降碳效果。

(3) 无论是仅实施单一碳中和目标约束,还是同时考虑碳排放与大气污染物排放协同控制,均可获得显著的健康效益及正的社会净效益。2060 年最高将可获得 1647 亿美元的社会净效益,相当于当年 GDP 的 0.6%。得益于人口老龄化背景下空气质量的持续改善,仅以货币化表征的人群健康效益一项(1909 亿美元),就大大超过了钢铁行业转型的全部技术投入成本(422 亿美元),这也是协同效益占比最大的部分,其余为因减碳而避免的与碳排放社会成本相关的气候效益。

(4) 实施单一碳中和目标约束所获得的社会净效益要少于同时考虑碳排放和空气污染物排放两种约束目标的情景。2060 年,CN 情景的社会净效益仅为 MO 的 46.4%。进一步比较 EC 情景和 MO 情景发现,2020—2045 年,EC 情景的社会净效益高于 MO 情景。因为前者将加速现有钢铁生产格局的颠覆性革新,这些新技术除了能够大幅度降碳,本身也具有良好的减污作用。在此阶段,碳约束目标起主要作用,能够带动大气污染约束目标的实现。2045 年后,MO 情景的净效益超过 EC 情景。这说明,长远来看,碳约束目标对大气污染控制目标带动作用减弱。要实现更大的社会净效益,就应该长期坚持做好降碳减污双控,不宜偏废其一。

第 7 章
主 要 结 论

本研究利用所构建的中国钢铁行业降碳减污协同效益综合评估模型框架，从钢铁需求侧、供给侧，以及碳达峰、碳中和与大气污染控制多目标约束等多个研究视角入手，着重分析了主要钢铁消费部门需求变化对钢铁产量及能耗排放的影响、实现钢铁降碳减污协同增效的技术路径遴选、治污和降碳共同约束目标下钢铁行业转型的成本效益分析等问题，为产业政策、技术政策、约束目标的改进提供量化参考。本研究的主要结论如下：

(1) 在未来国家日趋严格的气候和环境治理预期下，过去二十年快速增长的中国钢铁需求和生产将在 2025—2030 年迎来下降拐点。

借助 IMED|CGE 模型提供的不同气候与环境政策预期下未来社会经济宏观指标与下游用钢部门经济指标，结合钢材消费历史数据，本研究综合运用了钢铁终端消费法和使用强度法来预测钢铁需求和生产。结果显示，在考虑既定政策（NDC）和碳中和（CN）两种政策预期时，钢铁需求和产量达峰和下降的过程将加速，分别将在 2030 年前、2025 年前达峰，峰值产量为 11.6 亿吨和 10.7 亿吨。到 2060 年，持续减少到 9.1 亿吨和 7.8 亿吨。在 8 个主要下游用钢部门中，机械制造将取代房屋建设成为第一大钢材消费部门，占 2060 年全部钢铁消费量的 31.2%。汽车制造和基础设施建设行业的用钢需求，受新能源造车、可再生能源发电设施、制氢输氢、储能等子行业快速发展的带动，增长迅速。与之相反，房屋建筑和轻工家电行业则因本行业产品高耐用、轻量化、能效升级等结构调整影响，出现明显下降。其他行业包括船舶、集装箱制造和军工国防用钢需求稳中略增。

(2) 钢铁需求侧调整引起的钢铁产量下降有一定的节能减排效果,但排放削减率仍然有限,这意味着钢铁行业还需要供给侧共同发力,推动降碳减污目标实现。

以钢铁需求和产量下降最多的碳中和(CN)情景为例,钢铁能耗和碳排放达峰出现在2030年,峰值分别为22.1 EJ和24.8亿吨。到2060年,能源消费量和碳排放降低到13.8 EJ和15.9亿吨。相比于基准年(2020年),二氧化碳排放削减率仅有28.9%。SO_2、NO_x和$PM_{2.5}$这三种大气常规污染物的排放呈现逐年递减的趋势,到2060年,排放量分别为174万吨、53万吨和164万吨,相当于2020年排放量的60%以上。可见,无论是二氧化碳还是大气污染物排放,都远未达到碳中和与大气治理要求的水平,这意味着仅依靠钢铁消费需求侧变革推动气候和环境目标实现,是远远不够的,还应该借助供给侧结构调整和技术优化等手段共同发力。

(3) 在钢铁供给侧部署节能减排技术虽能进一步治污控碳,但与深度减排目标仍有差距。与此同时,选择未来不同阶段钢铁行业转型路径的关键技术组合时,应更加关注和推广具有减排成本有效性的技术路径。

本研究将降碳减污协同治理的实现方式总结为产能压减(CAP)、技术升级(TEC)、末端强化(EPT)、用能优化(ENE)、流程替代(STR)等五大技术路径。到2060年,即便在减排潜力最大的ENE路径下,CO_2、SO_2、NO_x和$PM_{2.5}$四种气体排放量依然维持在基准年(2020年)水平的42%~58%。而钢铁行业碳中和目标则要求碳排放下降到20%以下,说明仅依托现有技术体系难以实现深度减排目标。本研究进一步通过评估各技术路径在降碳减污方面的成本有效性,从经济性的角度识别并优选出污染防治与节能降碳的技术路径。结果表明,在2030年前,CAP和EPT两种路径直接作用于高排放环节,其单位减污成本更小,可作为近中期协同控制的重点措施。2030—2060年,STR和ENE同属于结构性调整,经过前期的技术投资累积,其协同增效作用逐渐释放,可作为实现中长期长效减排的关键牵引措施。

(4) 实现"双碳"目标及大气污染控制目标,将推动钢铁生产格局的颠覆性革新,氢能炼钢和短流程炼钢基本完全取代传统长流程炼钢。

炼铁炼钢技术及流程结构的根本性变革是钢铁行业气候和环境目标达成

的主要驱动力。目标实现过程可细化为四个阶段：首先，2020—2025年为尽快达峰期，长流程炼钢在工艺结构中的占比开始下降。到2025年，虽然钢铁行业碳排放提前达峰，但长流程炼钢在全部生产方式中的比重仍有68.1%。其次，2025—2040年为快速减排期，在此期间，电力快速替代煤炭，废钢—电弧炉炼钢大量替代长流程炼钢。2040年碳排放锐减到仅有2025年水平的四分之三以下。再次，2040—2050年为稳定降碳期，氢能炼钢比重持续上升，推动碳排放年均减少3.7%。最后，2050—2060年是全面碳中和阶段，生物质能替代在最后阶段将发挥关键性减排作用。长流程工艺最终锐减到只有6.9%，短流程工艺成为占比最多的产钢方式。

（5）钢铁行业实现碳中和目标将产生显著的社会净效益，叠加考虑空气污染控制多个约束目标时，会带来更显著的社会净效益。分阶段看，钢铁行业减碳将在近中期显著带动降污目标实现，而要实现长期深度减排目标和更大的社会效益，需要降碳减污双控措施协同发力。

在单一碳排放约束情景（CN）下，2060年，因$PM_{2.5}$浓度下降引起的人群健康效益为980亿美元，将超过技术转型需要投入的成本，并获得763亿美元的社会净效益。再将空气污染控制目标实现所带来的效益也考虑在内，又将额外增加884亿美元的社会净效益。从降碳减污协同增效角度看，在2020—2045年，减碳目标起主要作用，能够带动空气污染减排目标的实现。2045年以后，碳约束目标对污染控制目标带动作用变弱，要实现深度减排目标和更大的社会净效益，就需要坚持做好降碳减污双控，不宜偏废其一。

尽管本研究已经取得了一些有价值的结论与政策启示，但存在的不足之处需要在未来研究中被进一步关注和改进。

（1）本研究在对多种技术路径和政策的模拟与情景分析时，相关假设条件均假定能得以充分地实施和实现，并未考虑原料品质的差别及未来供给的不确定性、技术实行可能面临的各种执行困难，甚至不同利益相关者之间的执行冲突等问题。这些问题其实也会对协同效益分析结果产生影响。在以后的研究中，很有必要对技术路线和政策实际执行力度、不同层级政府部门及政府与企业之间的利益协同等进行深入研究，有助于提高同技术实施相关的政策模拟的精度和现实性，结果也将更有效地支撑决策。

（2）用技术普及率、应用技术所需花费的成本来表征技术选择和互相替代的过程，还较少考虑影响技术扩散的其他因素。推动或阻碍新技术推广使用的原因可能是多方面的，除了本研究已经考虑的成本因素外，技术的学习周期、基础设施配套、现有技术的沉没成本与资产搁浅、与现有上下游技术之间的匹配度等也会对技术普及产生正向或负向作用。因此，有针对性地参考一些关于中国工业技术推广应用影响因素的研究成果，有助于本研究模型的改进，以更好服务科学决策。

（3）技术进步和创新具有不确定性。本研究对当前及未来技术判断及参数设定，本质上是以行业技术发展的阶段性进展和展望为依据的。实际上，在全球开启碳中和行动的大背景下，各行业降碳减污技术不断涌现，可能呈现相互依存、竞争甚至替代等复杂关系，而且各国体制和文化对于技术创新的态度也不尽相同，因而，对技术创新的研究面临很大的不确定性。及时且持续性跟踪国内外降碳减污技术的最新进展和技术学习率变化，加强对模型中其他重要参数及其数据取值的代表性、不确定性的分析，将有助于提升相关评估结果的稳健性。

参考文献

[1] Grimm N B, Faeth S H, Golubiewski N E, et al. Global change and the ecology of cities[J]. Science, 2008, 319(5864): 756-760.

[2] International Energy Agency. World energy outlook 2021[R]. Paris, 2021: 386.

[3] United Nations Environment Programme. The emissions gap report 2020[M]. 2020.

[4] Friedlingstein P, Jones M W, O'sullivan M, et al. Global carbon budget 2021[R]. Antroposphere-Energy and Emissions, 2021.

[5] Levin K, Rich D. Turning points: Trends in countries' reaching peak greenhouse gas emissions over time[R]. World Resources Institute, 2017.

[6] 国家统计局能源统计司.中国能源统计年鉴(2020)[M].北京:中国统计出版社,2020.

[7] Li B S, Chen Y, Zhang S H, et al. Climate and health benefits of phasing out iron & steel production capacity in China: Findings from the IMED model[J]. Climate Change Economics, 2020, 11(3): 2041008.

[8] Gao J H, Hou H L, Zhai Y K, et al. Greenhouse gas emissions reduction in different economic sectors: Mitigation measures, health co-benefits, knowledge gaps, and policy implications[J]. Environmental Pollution, 2018, 240: 683-698.

[9] Yang H Z, Liu J F, Jiang K J, et al. Multi-objective analysis of the co-mitigation of CO_2 and $PM_{2.5}$ pollution by China's iron and steel industry[J]. Journal of Cleaner Production, 2018, 185: 331-341.

[10] Zhang X, Jin Y N, Dai H C, et al. Health and economic benefits of cleaner residential heating in the Beijing-Tianjin-Hebei region in China[J]. Energy Policy, 2019, 127: 165-178.

[11] Han L J, Zhou W Q, Li W F. Fine particulate ($PM_{2.5}$) dynamics during rapid urbanization in Beijing, 1973—2013[J]. Scientific Reports, 2016, 6: 23604.

[12] 赵敏,黄东风,何斯征,等.从区域能源消费探寻雾霾成因[J].电力与能源,2015,36(3):331-334.

[13] 顾阿伦,滕飞,冯相昭.主要部门污染物控制政策的温室气体协同效果分析与评价[J].中国人口·资源与环境,2016,26(2):10-17.

[14] 国家统计局,生态环境部.中国环境统计年鉴(2019)[M].北京:中国统计出版

社,2021.

[15] Shan Y L, Huang Q, Guan D B, et al. China CO_2 emission accounts 2016—2017[J]. Scientific Data, 2020, 7(1): 54.

[16] Intergovernmental Panel on Climate Change. Climate change 2007: synthesis report. Contribution of working groups I, II and III to the fourth assessment report of the Intergovernmental Panel on Climate Change [M]. Geneva, Switzerland: Intergovernmental Panel on Climate Change, 2007.

[17] Seinfeld J H, Bretherton C, Carslaw K S, et al. Improving our fundamental understanding of the role of aerosol-cloud interactions in the climate system[J]. Proceedings of the National Academy of Sciences, 2016, 113(21): 5781-5790.

[18] 陈诗一.能源消耗、二氧化碳排放与中国工业的可持续发展[J].经济研究,2009,44(4):41-55.

[19] 生态环境部,国家统计局,农业农村部.关于发布《第二次全国污染源普查公报》的公告[A].2020.

[20] 周丽,夏玉辉,陈文颖.中国低碳发展目标及协同效益研究综述[J].中国人口·资源与环境,2020,30(7):10-17.

[21] 毛显强,曾桉,邢有凯,等.从理念到行动:温室气体与局地污染物减排的协同效益与协同控制研究综述[J].气候变化研究进展,2021,17(3):255-267.

[22] Intergovernmental Panel on Climate Change. Climate change 2014: synthesis report. Contribution of working groups I, II and III to the fifth assessment report of the Intergovernmental Panel on Climate Change [M]. Geneva, Switzerland: Intergovernmental Panel on Climate Change, 2015.

[23] 王敏,冯相昭,杜晓林,等.工业部门污染物治理协同控制温室气体效应评价——基于重庆市的实证分析[J].气候变化研究进展,2021,17(3):296-304.

[24] 戚建刚,兰皓翔.我国环境治理工具选择的困境及其克服——以协同治理为视角[J].理论探讨,2021(6):154-160.

[25] Shu Y, Hu J N, Zhang S H, et al. Analysis of the air pollution reduction and climate change mitigation effects of the Three-Year Action Plan for Blue Skies on the "2+26" Cities in China[J]. Journal of Environmental Management, 2022, 317: 115455.

[26] Tang R, Zhao J, Liu Y F, et al. Air quality and health co-benefits of China's carbon dioxide emissions peaking before 2030 [J]. Nature Communications, 2022, 13(1): 1008.

[27] Kim S E, Xie Y, Dai H C, et al. Air quality co-benefits from climate mitigation for human health in South Korea[J]. Environment international, 2020, 136: 105507.

[28] Xie Y, Dai H C, Dong H J, et al. Economic impacts from $PM_{2.5}$ pollution-related health effects in China: A provincial-level analysis[J]. Environmental Science & Technology, 2016, 50(9): 4836-4843.

[29] 靳雅娜.健康风险价值评估与空气污染控制策略——基于离散选择实验与成本效益分析的方法与应用研究[D].北京:北京大学,2017.

[30] Liu X Y, Guo C Y, Wu Y Z, et al. Evaluating cost and benefit of air pollution control policies in China: A systematic review[J]. Journal of Environmental Sciences, 2023, 123: 140-155.

[31] 张阿玲,郑淮,何建坤.适合中国国情的经济、能源、环境(3E)模型[J].清华大学学报(自然科学版),2002,42(12): 1616-1620.

[32] Johansen L. A multi-sectoral study of economic growth: Some comments[J]. Economica, 1963, 30(118): 174.

[33] Dai H C, Xie X X, Xie Y, et al. Green growth: The economic impacts of large-scale renewable energy development in China[J]. Applied Energy, 2016, 162: 435-449.

[34] Dai H C, Xie Y, Liu J Y, et al. Aligning renewable energy targets with carbon emissions trading to achieve China's INDCs: A general equilibrium assessment[J]. Renewable and Sustainable Energy Reviews, 2018, 82: 4121-4131.

[35] Dai H C, Xie Y, Zhang H B, et al. Effects of the US withdrawal from Paris Agreement on the carbon emission space and cost of China and India[J]. Frontiers in Energy, 2018, 12(3): 362-375.

[36] Sun L J, Niu D X, Wang K K, et al. Sustainable development pathways of hydropower in China: Interdisciplinary qualitative analysis and scenario-based system dynamics quantitative modeling[J]. Journal of Cleaner Production, 2021, 287: 125528.

[37] Moon Y B. Simulation modelling for sustainability: A review of the literature[J]. International Journal of Sustainable Engineering, 2017, 10(1): 2-19.

[38] Zhang J J, Wang C. Co-benefits and additionality of the clean development mechanism: An empirical analysis[J]. Journal of Environmental Economics and Management, 2011, 62(2): 140-154.

[39] Karlsson M, Alfredsson E, Westling N. Climate policy co-benefits: A review[J]. Climate Policy, 2020, 20(3): 292-316.

[40] Hertel T W. Global trade analysis: Modeling and applications[M]. Cambridge: Cambridge University Press, 1997.

[41] Kainuma M, Matsuoka Y, Morita T. Analysis of post-Kyoto scenarios: The Asian-Pacific Integrated Model[J]. The Energy Journal, 1999, 20(Special I): 207-220.

[42] Fujimori S, Hasegawa T, Masui T. AIM/CGE V2.0: Basic feature of the model[M]//Fujimori S, Kainuma M, Masui T. Singapore: Springer, 2017: 305-328.

[43] Lejour A, Veenendaal P J J, Verweij G, et al. WorldScan: A model for international economic policy analysis[R]. Department of Agricultural Economics, Purdue University, West Lafayette, IN: Global Trade Analysis Project (GTAP), 2006.

[44] Ciscar J C, Saveyn B, Soria A, et al. A comparability analysis of global burden sharing GHG reduction scenarios[J]. Energy Policy, 2013, 55: 73-81.

[45] Dellink R, Briner G, Clapp C. Costs, revenues, and effectiveness of the Copenhagen accord emission pledges for 2020[J]. 2010.

[46] 郑馨竺.钢铁行业水—能协同节约的可行空间与技术选择[D].北京：清华大学,2018.
[47] 谭琦璐.中国主要行业温室气体减排的共生效益分析[D].北京：清华大学,2015.
[48] Heaps C G. Low emissions analysis platform [M]. Somerville, MA, USA: Stockholm Environment Institute, 2020.
[49] Nakata T. Energy-economic models and the environment[J]. Progress in Energy and Combustion Science, 2004, 30(4): 417-475.
[50] Loulou R, Goldstein G, Noble K. Documentation for the MARKAL family of models [J]. Energy Technology Systems Analysis Programme, 2004: 65-73.
[51] Rout U K, Fahl U, Remme U, et al. Endogenous implementation of technology gap in energy optimization models — A systematic analysis within TIMES G5 model[J]. Energy Policy, 2009, 37(7): 2814-2830.
[52] Nguene G, Fragnière E, Kanala R, et al. SOCIO-MARKAL: Integrating energy consumption behavioral changes in the technological optimization framework[J]. Energy for Sustainable Development, 2011, 15(1): 73-83.
[53] Amann M, Bertok I, Borken-Kleefeld J, et al. Cost-effective control of air quality and greenhouse gases in Europe: Modeling and policy applications[J]. Environmental Modelling & Software, 2011, 26(12): 1489-1501.
[54] Huppmann D, Gidden M, Fricko O, et al. The MESSAGE Integrated Assessment Model and the ix modeling platform (ixmp): An open framework for integrated and cross-cutting analysis of energy, climate, the environment, and sustainable development[J]. Environmental Modelling & Software, 2019, 112: 143-156.
[55] Barreto L, Kypreos S. Endogenizing R&D and market experience in the "bottom-up" energy-systems ERIS model[J]. Technovation, 2004, 24(8): 615-629.
[56] Kainuma M, Matsuoka Y, Morita T. Climate policy assessment: Asia-Pacific Integrated Modeling[M]. Springer Science & Business Media, 2011.
[57] 魏一鸣,米志付,张皓.气候变化综合评估模型研究新进展[J].系统工程理论与实践, 2013,33(8):1905-1915.
[58] 张海玲,刘昌新,王铮.气候变化综合评估模型的损失函数研究进展[J].气候变化研究进展,2018,14(1):40-49.
[59] Bosetti V, Massetti E, Tavoni M. The WITCH model: Structure, baseline, solutions [R]. Rochester, NY: Social Science Research Network, 2007.
[60] Bosetti V, De Cian E, Sgobbi A, et al. The 2008 WITCH model: New model features and baseline[R]. Fondazione Eni Enrico Mattei (FEEM), 2009.
[61] Bosetti V, Carraro C, Galeotti M, et al. WITCH: A world induced technical change hybrid model[J]. The Energy Journal, 2006, 27: 13-37.
[62] Emmerling J, Drouet L, Reis L, et al. The WITCH 2016 model — Documentation and implementation of the Shared Socioeconomic Pathways[R]. Rochester, NY: Social Science Research Network, 2016.
[63] Kaufmann R K. The mechanisms for autonomous energy efficiency increases: A

cointegration analysis of the US energy/GDP ratio[J]. The Energy Journal, 2004, 25(1): 63-86.

[64] Barker T, Köhler J, Villena M. Costs of greenhouse gas abatement: Meta-analysis of post-SRES mitigation scenarios[J]. Environmental Economics and Policy Studies, 2002, 5(2): 135-166.

[65] McFarland J R, Reilly J M, Herzog H J. Representing energy technologies in top-down economic models using bottom-up information[J]. Energy Economics, 2004, 26(4): 685-707.

[66] Wing I S. The synthesis of bottom-up and top-down approaches to climate policy modeling: Electric power technology detail in a social accounting framework[J]. Energy Economics, 2008, 30(2): 547-573.

[67] Wing I S. The synthesis of bottom-up and top-down approaches to climate policy modeling: Electric power technologies and the cost of limiting US CO_2 emissions[J]. Energy Policy, 2006, 34(18): 3847-3869.

[68] Hamilton L D, Goldstein G A, Lee J, et al. MARKAL-MACRO: An overview[R]. Brookhaven National Lab., Upton, NY (United States), 1992.

[69] Bataille C, Jaccard M, Nyboer J, et al. Towards general equilibrium in a technology — Rich model with empirically estimated behavioral parameters[J]. The Energy Journal, 2006, 27: 93-112.

[70] Tol R S J. Equitable cost-benefit analysis of climate change[M]//Carraro C. Dordrecht: Springer Netherlands, 2000: 273-290.

[71] Schäfer A, Jacoby H D. Technology detail in a multisector CGE model: Transport under climate policy[J]. Energy Economics, 2005, 27(1): 1-24.

[72] Babiker M H M, Reilly J M, Mayer M, et al. The MIT Emissions Prediction and Policy Analysis (EPPA) model: Revisions, sensitivities, and comparisons of results [J]. 2001.

[73] Paltsev S, Reilly J M, Jacoby H D, et al. The MIT Emissions Prediction and Policy Analysis (EPPA) model: version 4[R]. MIT Joint Program on the Science and Policy of Global Change, 2005.

[74] Jacoby H D, Reilly J M, McFarland J R, et al. Technology and technical change in the MIT EPPA model[J]. Energy Economics, 2006, 28(5-6): 610-631.

[75] Morris J, Paltsev S, Reilly J. Marginal abatement costs and marginal welfare costs for greenhouse gas emissions reductions: Results from the EPPA model[J]. Environmental Modeling & Assessment, 2012, 17(4): 325-336.

[76] Schwanitz V J, Longden T, Knopf B, et al. The implications of initiating immediate climate change mitigation — A potential for co-benefits?[J]. Technological Forecasting and Social Change, 2015, 90: 166-177.

[77] Stehfest E, Van Vuuren D, Kram T, et al. Integrated assessment of global environmental change with IMAGE 3.0: Model description and policy applications

[M]. The Hague: PBL Netherlands Environmental Assessment Agency, 2014.

[78] Matsuoka Y, Kainuma M, Morita T. Scenario analysis of global warming using the Asian Pacific Integrated Model (AIM)[J]. Energy Policy, 1995, 23(4-5): 357-371.

[79] Manne A, Mendelsohn R, Richels R. MERGE: A model for evaluating regional and global effects of GHG reduction policies[J]. Energy Policy, 1995, 23(1): 17-34.

[80] Manne A S, Richels R G. MERGE: An integrated assessment model for global climate change[M]//Loulou R, Waaub J P, Zaccour G. Energy and environment. Boston, MA: Springer US, 2005: 175-189.

[81] Wang Z. Constraints and solutions for energy and electricity development[M]. Singapore: Springer Singapore, 2019.

[82] Criqui P, Mima S, Viguier L. Marginal abatement costs of CO_2 emission reductions, geographical flexibility and concrete ceilings: An assessment using the POLES model [J]. Energy Policy, 1999, 27(10): 585-601.

[83] Criqui P, Mima S, Menanteau P, et al. Mitigation strategies and energy technology learning: An assessment with the POLES model[J]. Technological Forecasting and Social Change, 2015, 90: 119-136.

[84] Mima S, Criqui P. The costs of climate change for the European energy system, an assessment with the POLES model[J]. Environmental Modeling & Assessment, 2015, 20(4): 303-319.

[85] Koomey J G, Richey R C, Laitner S, et al. Technology and greenhouse gas emissions: An integrated scenario analysis using the LBNL-NEMS model[M]//Hall D C, Horwarth R B. The long-term economics of climate change: beyond a doubling of greenhouse gas concentrations: Vol. 3. Emerald Group Publishing Limited, 2001: 175-219.

[86] Hulme M, Raper S C, Wigley T M. An integrated framework to address climate change (ESCAPE) and further developments of the global and regional climate modules (MAGICC)[J]. Energy Policy, 1995, 23(4): 347-355.

[87] O'Neill R V, Rust B. Aggregation error in ecological models[J]. Ecological Modelling, 1979, 7(2): 91-105.

[88] Beck M B. Water quality modeling: A review of the analysis of uncertainty[J]. Water Resources Research, 1987, 23(8): 1393-1442.

[89] Gardner R H, O'Neill R V, Mankin J B, et al. A comparison of sensitivity analysis and error analysis based on a stream ecosystem model[J]. Ecological Modelling, 1981, 12(3): 173-190.

[90] Hornberger G M, Spear R C. Approach to the preliminary analysis of environmental systems[J]. Journal of Environmental Management, 1981, 12(1): 7-18.

[91] Spear R. Eutrophication in peel inlet—II. Identification of critical uncertainties via generalized sensitivity analysis[J]. Water Research, 1980, 14(1): 43-49.

[92] Spear R C, Hornberger G M. Control of DO level in a river under uncertainty[J]. Water Resources Research, 1983, 19(5): 1266-1270.

[93] Rajabi M M, Ataie-Ashtiani B, Janssen H. Efficiency enhancement of optimized Latin hypercube sampling strategies: Application to Monte Carlo uncertainty analysis and meta-modeling[J]. Advances in Water Resources, 2015, 76: 127-139.

[94] Takaishi T. Markov Chain Monte Carlo versus importance sampling in Bayesian inference of the GARCH model[J]. Procedia Computer Science, 2013, 22: 1056-1064.

[95] Ballinger A, Chowdhury T, Crombie H, et al. Modelling the cost-effectiveness of interventions to reduce traffic-related air-pollution[J]. The Lancet, 2017, 390: S7.

[96] Liu X W, Yuan Z W, Xu Y, et al. Greening cement in China: A cost-effective roadmap[J]. Applied Energy, 2017, 189: 233-244.

[97] Shields G E, Elvidge J. Challenges in synthesising cost-effectiveness estimates[J]. Systematic Reviews, 2020, 9(1): 289.

[98] Wu D, Ma X Z, Zhang S Q. Integrating synergistic effects of air pollution control technologies: More cost-effective approach in the coal-fired sector in China[J]. Journal of Cleaner Production, 2018, 199: 1035-1042.

[99] Fujimori S, Kainuma M, Masui T, et al. The effectiveness of energy service demand reduction: A scenario analysis of global climate change mitigation[J]. Energy Policy, 2014, 75: 379-391.

[100] Liu D N, Liu M G, Xu E F, et al. Comprehensive effectiveness assessment of renewable energy generation policy: A partial equilibrium analysis in China[J]. Energy Policy, 2018, 115: 330-341.

[101] Johannesson M. The relationship between cost-effectiveness analysis and cost-benefit analysis[J]. Social Science & Medicine, 1995, 41(4): 483-489.

[102] Nordhaus W. How fast should we graze the global commons?[J]. The American Economic Review, 1982, 72(2): 242-246.

[103] Nordhaus W D. Economic growth and climate: the carbon dioxide problem[J]. The American Economic Review, 1977, 67(1): 341-346.

[104] 巴曙松,吴大义.能源消费、二氧化碳排放与经济增长——基于二氧化碳减排成本视角的实证分析[J].经济与管理研究,2010,31(6):5-11.

[105] 范英,张晓兵,朱磊.基于多目标规划的中国二氧化碳减排的宏观经济成本估计[J].气候变化研究进展,2010,6(2):130-135.

[106] 高鹏飞,陈文颖,何建坤.中国的二氧化碳边际减排成本[J].清华大学学报(自然科学版),2004,44(9):1192-1195.

[107] Färe R, Grosskopf S, Knox Lovell C A, et al. Derivation of shadow prices for undesirable outputs: A distance function approach[J]. The Review of Economics and Statistics, 1993, 75(2): 374-380.

[108] 陈德湖,潘英超,武春友.中国二氧化碳的边际减排成本与区域差异研究[J].中国人

口·资源与环境,2016,26(10):86-93.

[109] Mckinsey & Company. China's green revolution: prioritizing technologies to achieve energy and environmental sustainability[R]. 2009: 140.

[110] Ates S A. Energy efficiency and CO_2 mitigation potential of the Turkish iron and steel industry using the LEAP (long-range energy alternatives planning) system[J]. Energy, 2015, 90: 417-428.

[111] Hasanbeigi A, Morrow W, Sathaye J, et al. A bottom-up model to estimate the energy efficiency improvement and CO_2 emission reduction potentials in the Chinese iron and steel industry[J]. Energy, 2013, 50: 315-325.

[112] Ma D, Chen W Y, Yin X, et al. Quantifying the co-benefits of decarbonisation in China's steel sector: An integrated assessment approach[J]. Applied Energy, 2016, 162: 1225-1237.

[113] Li L, Lu Y L, Shi Y J, et al. Integrated technology selection for energy conservation and PAHs control in iron and steel industry: Methodology and case study[J]. Energy Policy, 2013, 54: 194-203.

[114] An R Y, Yu B Y, Li R, et al. Potential of energy savings and CO_2 emission reduction in China's iron and steel industry[J]. Applied Energy, 2018, 226: 862-880.

[115] Zhang S H, Worrell E, Crijns-Graus W. Synergy of air pollutants and greenhouse gas emissions of Chinese industries: A critical assessment of energy models[J]. Energy, 2015, 93: 2436-2450.

[116] Emodi N V, Emodi C C, Murthy G P, et al. Energy policy for low carbon development in Nigeria: A LEAP model application[J]. Renewable and Sustainable Energy Reviews, 2017, 68: 247-261.

[117] Krook-Riekkola A, Berg C, Ahlgren E O, et al. Challenges in top-down and bottom-up soft-linking: Lessons from linking a Swedish energy system model with a CGE model[J]. Energy, 2017, 141: 803-817.

[118] Tattini J, Ramea K, Gargiulo M, et al. Improving the representation of modal choice into bottom-up optimization energy system models — The MoCho-TIMES model[J]. Applied Energy, 2018, 212: 265-282.

[119] Xing R, Hanaoka T, Kanamori Y, et al. Estimating energy service demand and CO_2 emissions in the Chinese service sector at provincial level up to 2030[J]. Resources, Conservation and Recycling, 2018, 134: 347-360.

[120] Zhang S H, Yi B W, Worrell E, et al. Integrated assessment of resource-energy-environment nexus in China's iron and steel industry[J]. Journal of Cleaner Production, 2019, 232: 235-249.

[121] Li Z L, Dai H C, Song J N, et al. Assessment of the carbon emissions reduction potential of China's iron and steel industry based on a simulation analysis[J]. Energy, 2019, 183: 279-290.

[122] Song Y, Huang J B, Feng C. Decomposition of energy-related CO_2 emissions in China's iron and steel industry: A comprehensive decomposition framework[J]. Resources Policy, 2018, 59: 103-116.

[123] Griffin P W, Hammond G P. Industrial energy use and carbon emissions reduction in the iron and steel sector: a UK perspective[J]. Applied Energy, 2019, 249: 109-125.

[124] Song J N, Wang B, Fang K, et al. Unraveling economic and environmental implications of cutting overcapacity of industries: A city-level empirical simulation with input-output approach[J]. Journal of Cleaner Production, 2019, 222: 722-732.

[125] Xia Y, Guan D B, Meng J, et al. Assessment of the pollution-health-economics nexus in China[J]. Atmospheric Chemistry and Physics, 2018, 18(19): 14433-14443.

[126] Zheng B, Tong D, Li M, et al. Trends in China's anthropogenic emissions since 2010 as the consequence of clean air actions[J]. Atmospheric Chemistry and Physics, 2018, 18(19): 14095-14111.

[127] Le Quéré C, Korsbakken J I, Wilson C, et al. Drivers of declining CO_2 emissions in 18 developed economies[J]. Nature Climate Change, 2019, 9(3): 213-217.

[128] Wang C, Chen J, Zou J. Decomposition of energy-related CO_2 emission in China: 1957—2000[J]. Energy, 2005, 30(1): 73-83.

[129] Chen J, Wang P, Cui L, et al. Decomposition and decoupling analysis of CO_2 emissions in OECD[J]. Applied Energy, 2018, 231: 937-950.

[130] Ehrlich P, Holdren J. The people problem[J]. Saturday Review, 1970, 4(42): 42-43.

[131] Kaya Y. Impact of carbon dioxide emission control on GNP growth: Interpretation of proposed scenarios[J]. Intergovernmental Panel on Climate Change/response Strategies Working Group, May, 1989.

[132] 渠慎宁. 碳排放分解：理论基础、路径剖析与选择评判[J]. 城市与环境研究, 2019, 6(3): 98-112.

[133] Ang B W. LMDI decomposition approach: A guide for implementation[J]. Energy Policy, 2015, 86: 233-238.

[134] Hoekstra R, van der Bergh J C J M. Comparing structural decomposition analysis and index[J]. Energy Economics, 2003, 25(1): 39-64.

[135] Su B, Ang B W. Structural decomposition analysis applied to energy and emissions: Some methodological developments[J]. Energy Economics, 2012, 34(1): 177-188.

[136] Wang H, Ang B W, Su B. Assessing drivers of economy-wide energy use and emissions: IDA versus SDA[J]. Energy Policy, 2017, 107: 585-599.

[137] Sun W Q, Cai J J, Yu H, et al. Decomposition analysis of energy-related carbon dioxide emissions in the iron and steel industry in China[J]. Frontiers of Environmental Science & Engineering, 2012, 6(2): 265-270.

[138] Zhang S N, Yang F, Liu C Y, et al. Study on global industrialization and industry emission to achieve the 2℃ goal based on MESSAGE model and LMDI approach[J]. Energies, 2020, 13(4): 825.

[139] Liu X J, Liao S M, Rao Z H, et al. A process-level hierarchical structural decomposition analysis (SDA) of energy consumption in an integrated steel plant[J]. Journal of Central South University, 2017, 24(2): 402–412.

[140] Wang X L, Gao X N, Shao Q L, et al. Factor decomposition and decoupling analysis of air pollutant emissions in China's iron and steel industry[J]. Environmental Science and Pollution Research, 2020, 27(13): 15267–15277.

[141] Crompton P. Future trends in Japanese steel consumption[J]. Resources Policy, 2000, 26(2): 103–114.

[142] Rebiasz B. Polish steel consumption, 1974—2008[J]. Resources Policy, 2006, 31(1): 37–49.

[143] McKay H, Sheng Y, Song L G. China's metal intensity in comparative perspective[M]. Canberra: ANU Press, 2010.

[144] Crompton P. Explaining variation in steel consumption in the OECD[J]. Resources Policy, 2015, 45: 239–246.

[145] Zhu X H, Zeng A Q, Zhong M R, et al. Multiple impacts of environmental regulation on the steel industry in China: A recursive dynamic steel industry chain CGE analysis[J]. Journal of Cleaner Production, 2019, 210: 490–504.

[146] Kolagar M, Saboohi Y, Fathi A. Evaluation of long-term steel demand in developing countries-Case study: Iran[J]. Resources Policy, 2022, 77: 102675.

[147] 范立刚.中国钢铁长期需求预测研究[D].沈阳:东北大学,2005.

[148] 王礼.中国对钢铁资源的长期需求预测[J].地质与勘探,2012,48(6):1129–1133.

[149] Liu Z, Pu G Q, Shi Y R, et al. Study on MSAD-based prediction of steel production[J]. Energy Procedia, 2012, 16: 131–136.

[150] Zhang Q, Wang Y J, Zhang W, et al. Energy and resource conservation and air pollution abatement in China's iron and steel industry[J]. Resources, Conservation and Recycling, 2019, 147: 67–84.

[151] Wu J N, Lu J Y. The synergetic effect of reducing pollutants and carbon quantified by exergy flow integrated resources and energy in an iron and steel symbiosis network[J]. Journal of Cleaner Production, 2022, 340: 130807.

[152] Shen J L, Zhang Q, Xu L S, et al. Future CO_2 emission trends and radical decarbonization path of iron and steel industry in China[J]. Journal of Cleaner Production, 2021, 326: 129354.

[153] He K, Wang L. A review of energy use and energy-efficient technologies for the iron and steel industry[J]. Renewable and Sustainable Energy Reviews, 2017, 70(C): 1022–1039.

[154] Arens M, Åhman M, Vogl V. Which countries are prepared to green their coal-

based steel industry with electricity? — Reviewing climate and energy policy as well as the implementation of renewable electricity[J]. Renewable and Sustainable Energy Reviews, 2021, 143: 110938.

[155] Ren L, Zhou S, Peng T D, et al. A review of CO_2 emissions reduction technologies and low-carbon development in the iron and steel industry focusing on China[J]. Renewable and Sustainable Energy Reviews, 2021, 143: 110846.

[156] Li Z L, Hanaoka T. Development of large-point source emission downscale model by estimating the future capacity distribution of the Chinese iron and steel industry up to 2050[J]. Resources, Conservation and Recycling, 2020, 161: 104853.

[157] Neelis M L, Patel M K. Long-term production, energy use and CO_2 emission scenarios for the worldwide iron and steel industry[M]. UU CHEM NW&S (Copernicus), 2006.

[158] Tanaka K. Assessment of energy efficiency performance measures in industry and their application for policy[J]. Energy Policy, 2008, 36(8): 2887-2902.

[159] Worrell E, Price L, Neelis M, et al. World best practice energy intensity values for selected industrial sectors[R]. 2007: LBNL-62806, 927032.

[160] Zhang S H, Ren H T, Zhou W J, et al. Assessing air pollution abatement co-benefits of energy efficiency improvement in cement industry: A city level analysis [J]. Journal of Cleaner Production, 2018, 185: 761-771.

[161] 工业和信息化部原材料工业司,冶金工业信息标准研究院,世界金属导报社.钢铁产业发展报告(2015)[M].北京:冶金工业出版社,2015.

[162] 郦秀萍,张春霞,黄导,等.GB21256—2013《粗钢生产主要工序单位产品能源消耗限额》标准解读与实施建议[J].中国冶金,2016,26(3):47-52+61.

[163] 中国国家标准化管理委员会.粗钢生产主要工序单位产品能源消耗限额(GB21256—2007)[A].2007.

[164] 中国国家标准化管理委员会.粗钢生产主要工序单位产品能源消耗限额(GB21256—2013)[A].2013.

[165] 中国国家标准化管理委员会.电弧炉冶炼单位产品能源消耗限额(GB32050—2015)[A].2015.

[166] 国家发展改革委,工业和信息化部,生态环境部,等.高耗能行业重点领域能效标杆水平和基准水平(2021年版)[A].2021.

[167] Ren M, Lu P T, Liu X R, et al. Decarbonizing China's iron and steel industry from the supply and demand sides for carbon neutrality[J]. Applied Energy, 2021, 298: 117209.

[168] 毛显强,曾桉,胡涛,等.技术减排措施协同控制效应评价研究[J].中国人口·资源与环境,2011,21(12):1-7.

[169] 毛显强,曾桉,刘胜强,等.钢铁行业技术减排措施硫、氮、碳协同控制效应评价研究[J].环境科学学报,2012,32(5):1253-1260.

[170] Lu Z Y, Huang L, Liu J, et al. Carbon dioxide mitigation co-benefit analysis of

energy-related measures in the Air Pollution Prevention and Control Action Plan in the Jing-Jin-Ji region of China[J]. Resources, Conservation & Recycling: X, 2019, 1: 100006.

[171] Xu M, Qin Z, Zhang S. Carbon dioxide mitigation co-effect analysis of clean air policies: Lessons and perspectives in China's Beijing-Tianjin-Hebei region [J]. Environmental Research Letters, 2021, 16(1): 015006.

[172] Murray C J L, Aravkin A Y, Zheng P, et al. Global burden of 87 risk factors in 204 countries and territories, 1990—2019: A systematic analysis for the Global Burden of Disease Study 2019[J]. The Lancet, 2020, 396(10258): 1223–1249.

[173] Vos T, Lim S S, Abbafati C, et al. Global burden of 369 diseases and injuries in 204 countries and territories, 1990—2019: A systematic analysis for the Global Burden of Disease Study 2019[J]. The Lancet, 2020, 396(10258): 1204–1222.

[174] Murray C J L, Abbafati C, Abbas K M, et al. Five insights from the Global Burden of Disease Study 2019[J]. The Lancet, 2020, 396(10258): 1135–1159.

[175] Xu T L, Wang B S, Liu H, et al. Prevalence and causes of vision loss in China from 1990 to 2019: Findings from the Global Burden of Disease Study 2019[J]. The Lancet Public Health, 2020, 5(12): e682–e691.

[176] Künzli N. The public health relevance of air pollution abatement[J]. The European Respiratory Journal, 2002, 20(1): 198–209.

[177] Li Y, Yi B W, Wang Y. Can ultra-high voltage power transmission bring environmental and health benefits? An assessment in China[J]. Journal of Cleaner Production, 2020, 276: 124296.

[178] Amann M, Kiesewetter G, Schöpp W, et al. Reducing global air pollution: The scope for further policy interventions[J]. Philosophical Transactions of The Royal Society A: Mathematical, Physical and Engineering Sciences, 2020, 378 (2183): 20190331.

[179] Kiesewetter G, Borken-Kleefeld J, Schöpp W, et al. Modelling street level PM_{10} concentrations across Europe: Source apportionment and possible futures [J]. Atmospheric Chemistry and Physics, 2015, 15(3): 1539–1553.

[180] Kiesewetter G, Schoepp W, Heyes C, et al. Modelling $PM_{2.5}$ impact indicators in Europe: Health effects and legal compliance [J]. Environmental Modelling & Software, 2015, 74: 201–211.

[181] Burnett R T, Pope C A, Ezzati M, et al. An integrated risk function for estimating the global burden of disease attributable to ambient fine particulate matter exposure [J]. Environmental Health Perspectives, 2014, 122(4): 397–403.

[182] Pope III C A, Burnett R T, Thun M J, et al. Lung cancer, cardiopulmonary mortality, and long-term exposure to fine particulate air pollution[J]. JAMA, 2002, 287(9): 1132–1141.

[183] Cao J, Yang C X, Li J X, et al. Association between long-term exposure to outdoor

air pollution and mortality in China: A cohort study[J]. Journal of Hazardous Materials, 2011, 186(2-3): 1594-1600.

[184] Apte J S, Marshall J D, Cohen A J, et al. Addressing global mortality from ambient $PM_{2.5}$[J]. Environmental Science & Technology, 2015, 49(13): 8057-8066.

[185] Jin Y N, Zhang S Q. An economic evaluation of the health effects of reducing fine particulate pollution in Chinese cities[J]. Asian Development Review, 2018, 35(2): 58-84.

[186] Heal G, Millner A. Reflections: uncertainty and decision making in climate change economics[J]. Review of Environmental Economics and Policy, 2014, 8(1): 120-137.

[187] Rose S K, Diaz D B, Blanford G J. Understanding the social cost of carbon: A model diagnostic and inter-comparison study[J]. Climate Change Economics, 2017, 8(2): 1750009.

[188] Zhang S H, Worrell E, Crijns-Graus W, et al. Modeling energy efficiency to improve air quality and health effects of China's cement industry[J]. Applied Energy, 2016, 184: 574-593.

[189] Ricke K, Drouet L, Caldeira K, et al. Country-level social cost of carbon[J]. Nature Climate Change, 2018, 8(10): 895-900.

[190] World Steel Association. CO_2 data collection user guide, version 10[R]. Brussels: World Steel Association, 2021: 25.

[191] 江小珂,唐孝炎.北京市大气污染控制对策研究[R].1-268,2002.

[192] 粮小洛,曹国良,黄学敏.中国区域氮氧化物排放清单[J].环境与可持续发展,2008,33(6):19-22.

[193] 孙群,王荣,姜振生,等.热轧硅钢DR2的连铸生产[J].鞍钢技术,2001(6):20-22.

[194] 王丽涛,张强,郝吉明,等.中国大陆CO人为源排放清单[J].环境科学学报,2005,25(12):8-13.

[195] 张晓丹.天津市工业VOCs排放源清单编制方法及其管理体系研究[D].天津:河北工业大学,2015.

[196] 赵斌,马建中.天津市大气污染源排放清单的建立[J].环境科学学报,2008,28(2):368-375.

[197] Bartos M D, Chester M V. The conservation nexus: Valuing interdependent water and energy savings in Arizona[J]. Environmental Science & Technology, 2014, 48(4): 2139-2149.

[198] Worrell E, Price L, Martin N. Energy efficiency and carbon dioxide emissions reduction opportunities in the US iron and steel sector[J]. Energy, 2001, 26(5): 513-536.

[199] Liu F Q, Zhao F Q, Liu Z W, et al. Can autonomous vehicle reduce greenhouse gas emissions? A country-level evaluation[J]. Energy Policy, 2019, 132: 462-473.

[200] 刘树洲,张建涛.中国废钢铁的应用现状及发展趋势[J].钢铁,2016,51(6):1-9.

[201] 刘琳,景露阳,李田,等.废钢资源循环再利用中的二次污染及控制[J].工业安全与环保,2017,43(12):96-98+106.

[202] 徐向阳,任明,高俊莲.京津冀地区钢铁行业节能和CO_2减排的技术路径[J].生态经济,2017,33(11):38-43.

[203] Gao C K, Gao W G, Song K H, et al. Comprehensive evaluation on energy-water saving effects in iron and steel industry[J]. The Science of the Total Environment, 2019, 670: 346-360.

[204] Gordon Y, Kumar S. Selection of ironmaking technology: Principles and risks[J]. Transactions of the Indian Institute of Metals, 2013, 66(5): 501-513.

[205] Hamzeh R, Xu X. Technology selection methods and applications in manufacturing: A review from 1990 to 2017[J]. Computers & Industrial Engineering, 2019, 138: 106123.

[206] Wang N N, Chen X Y, Wu G B, et al. A short-term based analysis on the critical low carbon technologies for the main energy-intensive industries in China[J]. Journal of Cleaner Production, 2018, 171: 98-106.

[207] Wen Z G, Meng F X, Chen M. Estimates of the potential for energy conservation and CO_2 emissions mitigation based on Asian-Pacific Integrated Model (AIM): The case of the iron and steel industry in China[J]. Journal of Cleaner Production, 2014, 65: 120-130.

[208] Wen Z G, Xu J J, Lee J C K, et al. Symbiotic technology-based potential for energy saving: A case study in China's iron and steel industrial parks[J]. Renewable and Sustainable Energy Reviews, 2017, 69: 1303-1311.

[209] Reuter B. Assessment of sustainability issues for the selection of materials and technologies during product design: A case study of lithium-ion batteries for electric vehicles[J]. International Journal on Interactive Design and Manufacturing (IJIDeM), 2016, 10(3): 217-227.

[210] 何坤,王立.钢铁工业的能效评估方法与节能减排措施[M].北京:冶金工业出版社,2019.

[211] Conde A S, Rechberger K, Spanlang A, et al. Decarbonization of the steel industry. A techno-economic analysis[J]. Matériaux & Techniques, 2021, 109(3-4): 305.

[212] Muslemani H, Liang X, Kaesehage K, et al. Opportunities and challenges for decarbonizing steel production by creating markets for "green steel" products[J]. Journal of Cleaner Production, 2021, 315: 128127.

[213] Liu W G, Zuo H B, Wang J S, et al. The production and application of hydrogen in steel industry[J]. International Journal of Hydrogen Energy, 2021, 46(17): 10548-10569.

[214] Manisalidis I, Stavropoulou E. Environmental and health impacts of air pollution: A review[J]. Frontiers in Public Health, 2020, 8: 13.

[215] Cheng J, Tong D, Liu Y, et al. Air quality and health benefits of China's current and

upcoming clean air policies[J]. Faraday Discussions, 2021, 226: 584–606.

[216] Vandyck T, Rauner S, Sampedro J, et al. Integrate health into decision-making to foster climate action[J]. Environmental Research Letters, 2021, 16(4): 041005.

[217] Xie Y, Wu Y Z, Xie M J, et al. Health and economic benefit of China's greenhouse gas mitigation by 2050[J]. Environmental Research Letters, 2020, 15(10): 104042.

[218] Peng W, Dai H C, Guo H, et al. The critical role of policy enforcement in achieving health, air quality, and climate benefits from India's clean electricity transition[J]. Environmental Science & Technology, 2020, 54(19): 11720–11731.

[219] International Energy Agency. World energy model[R]. Paris, 2021: 112.

[220] 国网能源研究院有限公司.国内外能源与电力价格分析报告(2021)[M].北京：中国电力出版社,2021.

附录 A
主要符号对照表

简 称	英 文 全 称	中 文 释 义
(一) 缩略语		
3E	Energy—Environment—Economy	能源—环境—经济
ADB	Asian Development Bank	亚洲开发银行
AEEI	autonomous energy efficiency improvement	自发能源效率改进率
AIM	Asia-Pacific Integrated Model	亚太地区综合模型
AQG	air quality guideline	空气质量指南
BCR	benefit-cost ratio	收益成本比
BF	blast furnace	高炉长流程炼铁
BF-BOF	blast furnace-basic oxygen furnace	高炉—转炉长流程炼钢
BU	bottom-up	自底向上模型
CBA	cost-benefit analysis	成本效益分析
CCS/CCUS	Carbon Capture (Utilise) and Storage	碳捕集、封存(和利用)技术
CDM	clean development mechanism	清洁发展机制
CEA	cost-effectiveness analysis	成本有效性分析
CER	cost-effectiveness ratio	成本效应比
CGE	Computable General Equilibrium	可计算一般均衡模型
CIM	Canadian Integrated Modeling System	CIM 模型
COI	cost of illness	疾病成本
DRI	direct reduced iron	直接还原炼铁
EFOM	Energy Flow Optimization Model	能源流优化模型
EMEP-CTM	European Monitoring and Evaluation Programme-Chemistry Transport Model	EMEP-CTM 大气传输模型

续 表

简　称	英　文　全　称	中　文　释　义
EPA	Environmental Protection Agency	美国国家环境保护局
EPPA	Emissions Prediction and Policy Analysis	EPPA 模型
GAINS	Greenhouse gas-Air pollution Interactions and Synergies	温室气体—空气污染相互作用与协同效应模型
GAMS	General Algebraic Modeling System	通用代数建模系统
GDP	Gross Domestic Product	国内生产总值
HE	health endpoint	健康效应评价终点
HFS	hydrogen flash smelt	闪速炼铁
GHG	greenhouse gas	温室气体
IAM	Integrated Assessment Model	综合评估模型
IDA	index decomposition analysis	指数分解分析
IEA	International Energy Agency	国际能源署
IER	integrated exposure-response function	暴露—反应综合函数
IIASA	International Institute for Applied Systems Analysis	国际应用系统分析学会
IMED	Integrated Model of Energy, Environment and Economy for Sustainable Development	能源—环境—经济可持续发展综合评估模型
IoU	intensity of use	使用强度
IPCC	Intergovernmental Panel on Climate Change	政府间气候变化专门委员会
LEAP	Long range Energy Alternatives Planning System	LEAP 模型
LMDI	logarithmic mean divisa index	对数平均迪式指数法
MAC	marginal abatement cost	边际减排成本
MAGICC	Model for the Assessment of Greenhouse gas Induced Climate Change	MAGICC 模型
MARKAL	MARKet and ALlocation	MARKAL 模型
MESSAGEix	Model for Energy Supply Strategy Alternatives and their General Environmental Impact	MESSAGEix 模型
MOE	molten oxide electrolysis	熔融氧化物电解
NB	net benefits	净效益
NDCs	nationally determined contributions	国家自主贡献
NEMS	National Energy Modeling System	NEMS 模型

续 表

简 称	英 文 全 称	中 文 释 义
OECD	Organization for Economic Cooperation and Development	经济与发展合作组织
PEEHEN	policy-energy-emission-health-economics nexus	政策、能源、排放、健康和经济嵌套关系
POLES	Prospective Outlook on Long-term Energy Systems	POLES 模型
RAINS	Regional Air Pollution Information and Simulation	RAINS 模型
RCPs	representative concentration pathways	典型浓度路径
RR	relative risk	相对风险
SCC	social cost of carbon	碳社会成本
SDA	structural decomposition analysis	结构分解分析
S-EAF	scrap-electric arc furnace	废钢—电弧炉短流程炼钢
SRI	smelting reduction iron	熔融还原炼铁
SSP2	middle of the road	中间路径
SSPs	shared socioeconomic pathways	共享社会经济途径
TD	top-down	自顶向下模型
TFP	total factor productivity	全要素生产率
TIMES	The Integrated MARKAL-EFOM System	TIMES 模型
UNFCC	United Nations Framework Convention on Climate Change	联合国气候变化框架公约
VSL	value of statistical life	统计生命价值
WEC	World Energy Council	世界能源委员会
WHO	World Health Organization	世界卫生组织
WITCH	World Induced Technical Change Hybrid	WITCH 模型
WSA	World Steel Association	世界钢铁协会
WTP	willingness to pay	支付意愿

(二)单位符号

bill.		十亿
EJ		艾焦耳(10^{18} J)
GJ		吉焦耳(10^9 J)

续 表

简　称	英　文　全　称	中　文　释　义
kg		千克
kgce		千克标准煤
km		公里
mill.		百万
PJ		拍焦耳（10^{15} J）
sq2		平方米
t		吨钢
tce		吨标准煤
tCO_2		吨二氧化碳
tNO_x		吨氮氧化物
$tPM_{2.5}$		吨细颗粒物
tSO_2		吨二氧化硫
USD		美元
μg/m³		微克/立方米

附录 B

中国钢铁行业去产能政策的气候与健康协同效益研究

选自作者已发表 SCI/SSCI 论文 *Climate and Health Benefits of Phasing Out Iron & Steel Production Capacity in China: Findings from the IMED Model*

中文简介

去产能是当前中国供给侧结构性改革的核心政策，目标是在钢铁、水泥等重点行业淘汰不符合政策规定的过剩和落后产能，以推动经济转型，减少环境污染。本文以京津冀地区钢铁行业为案例，集成了钢铁需求预测（intensity of use curve）方法、空气污染物排放（GAINS）模型、可计算一般均衡（IMED|CGE）模型和健康效益评估（IMED|HEL）模型等多种研究方法，从成本效益分析视角，定量评估去产能政策带来的节能减排、健康效益和宏观经济影响，还回应了围绕去产能实施的热点争议，一定程度上弥补了现有研究侧重定性分析产能过剩原因与性质的不足。情景设置见表 B.1。

表 B.1 本文的情景解释

情景	解释
BL	假定 2015—2030 年未实施去产能政策的基准情景。
SL	去产能情景：按照去产能政策优先淘汰小规模的生产企业。如果产品的产量不足以满足未来需求，则优先新建大规模工厂。
EE	能效替代情景：淘汰标准从规模淘汰转为优先淘汰高能耗的生产商。新建产能也优先考虑低能耗的工厂。

研究结果发现,基于规模大小为淘汰依据的去产能政策(SL 情景)实现了京津冀地区钢铁行业能耗、CO_2、NO_x、$PM_{2.5}$ 和 SO_2 排放量的显著下降,同时随着本地区 $PM_{2.5}$ 浓度下降,去产能政策还避免了健康终端损失和宏观经济中劳动损失(图 B.1),在 2020 年共带来了可观的综合效益 42.21 亿美元,其中 89% 来自节能和减碳等气候效益,超过政策成本 24.11 亿美元。但效益与成本之间的差额随后逐渐缩小,到 2030 年减少至 −3.37 亿美元,这表明长远来看去产能政策应尽早调整。因此,本文还提出了可供选择的政策调整选项:将能耗大小作为淘汰标准的替代政策情景(EE 情景)。模型分析表明,到 2030 年,EE 情景的效益成本差为 51.4 亿美元。本文建议政策制定者改变当前"一刀切"的去产能规定,综合考虑并选择更具成本有效性的指标或标准作为淘汰依据。最后,本文还具体分析了政策效益与成本的区域差异(图 B.2),我们注意到,对于经济相对落后钢铁厂众多的河北省,尽管获得了明显的气候与健康效益,但相比北京和天津两地,也承担了几乎全部的巨大政策成本(包括关停钢厂、工人下岗的补贴等),因此还建议决策者采取必要的激励措施,促进各地区更紧密地融合。

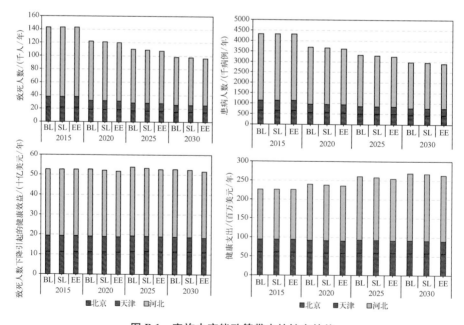

图 B.1　实施去产能政策带来的健康效益

附录 B 中国钢铁行业去产能政策的气候与健康协同效益研究

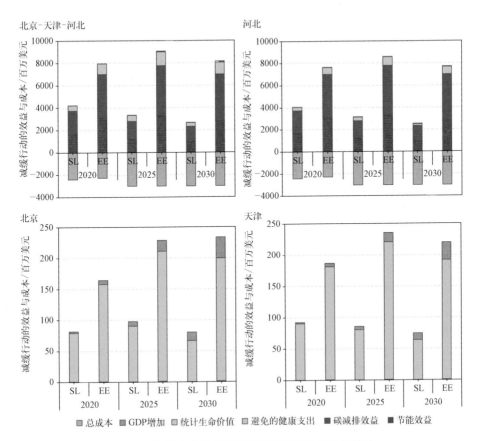

图 B.2 钢铁去产能政策在京津冀地区的成本与效益

英文全文如下：

Climate and Health Benefits of Phasing Out Iron & Steel Production Capacity in China：Findings from the IMED Model

Boshu Li[a]，Yan Chen[b]，Shaohui Zhang[c, d]，Janusz Cofala[d]，Hancheng Dai[a, *]

[a] College of Environmental Sciences and Engineering，Peking University，5 Yiheyuan Road，Beijing 100871，P. R. China

[b] Chinese Academy of Environmental Planning (CAEP), 8 Dayangfang BeiYuan Road, 100012, Beijing, P. R. China

[c] School of Economics and Management, Beihang University, 37 Xueyuan Road, 100083, Beijing, P. R. China

[d] International Institute for Applied Systems Analysis (IIASA), Schlossplatz 1, A-2361, Laxenburg, Austria

* Corresponding author: Hancheng Dai

E-mail: dai.hancheng@pku.edu.cn.

Address: Room 246, Environmental Building, College of Environmental Sciences and Engineering, Peking University, Beijing 100871, China.

Tel/Fax: (+86)10-6276-7995.

Abstract

In recognition of the negative climate change and deteriorative air quality, the iron and steel industry in China was subject to production capacity phase-out policy (PCPP), which is deeply influencing industrial restructuring and national emission reduction targets. However, researches that quantitatively estimated the comprehensive impacts of such structural adjustment policy remain scant. For this purpose, this study expands and soft-links between GAINS and IMED models to characterize the impacts of climate change and $PM_{2.5}$-attributed health co-benefits. Results showed the PCPP based on scale limitation to eliminate backward capacities in the Beijing-Tianjin-Hebei region yields total benefits of 4221 million U.S. dollars (M$), 89% of total coming from energy saving and carbon mitigation, more than policy costs (2411 M$) in 2020, but the gap between benefit-cost will keep narrowing to -337 M$ in 2020-2030, indicating that policy improvement is needed in the long run. To further increase policy co-benefits and achieve multiple policy targets, the policymaker should readjust the

PCPP by switching scale limitation to energy efficiency constraint. If doing that, the difference of benefit-cost will achieve 5140 M$. The regional disparity also exits due to diverse ratio of benefit-cost in the selected provinces, calling for necessary fiscal incentives to the less developed area, e.g. Hebei in this study, to promote closer integration.

Keywords

Production capacity phase-out policy; health impact assessment; co-benefits analysis; iron and steel industry; Beijing-Tianjin-Hebei region in China; IMED model

1. Introduction

The declaration of the Paris Agreement and 2030 Agenda for Sustainable Development in 2015 initiated new prospects for integrated and synergistic implementation of climate action and sustainable development goals (SDG) across all levels and sectors (Pradhan et al., 2017). How to translate these ambitious agenda into coherent policies that maximize co-benefits between climate action and other SDGs has been and will continue to be center of general attention (Nerini et al., 2018; Nilsson et al., 2018). Atmospheric pollution and climate change are closely interlinked (Rafaj et al., 2018) in some emerging economies, such as China, creating devastating impacts on social and economic issues, including the exacerbated health risk (Gao et al., 2018; Xie et al., 2018; Yang et al., 2018). Therefore, China laid out its nationally determined contributions (NDC) and air pollutant emission targets to peak the carbon dioxide (CO_2) emissions by 2030 and win the "Blue Sky Defense War". Such national targets need to be further decomposed into the sectoral level, especially for the key emitting sector, e.g. iron and steel (IS). In 2015, CO_2, SO_2, NO_x, and soot (dust) emitted in IS sector accounted for 21.0%, 14.5%, 24.5% and 21.7% of total industrial emissions, respectively (National Bureau of Statistics, 2016). Tremendous air pollutants presented severe threats to human health, raising intensive public concerns (Xie, Dai and Dong, 2018).

After two decades of rapid development driven by China's industrialization and urbanization, a steel investment boom in the late 1990s, combined with the turnaround in demand since 2014 (*China's 13th Five-Year Plan: Iron and Steel*, 2016), has left China with a towering presence in global market, 49.6% of total steel output in 2015 (World Steel Association, 2018) but significant overcapacity in IS supply. Consequently, the production capacity phase-out policy (PCPP) has been launched as the key policy of current "supply-side structural reforms" since 2016, and is targeted to eliminate the outdated and excess IS capacity by over 150 million tons (Mt) by 2020 (*China's 13th Five-Year Plan: Iron and Steel*, 2016). However, disturbing issues arise in policy effectiveness and regional equity since the beginning of policy enforcement (Li, Jiang and Cao, 2019). For instance, the predefined closure thresholds in the PCPP came under criticism for giving the higher priority to smaller capacity facilities to be shut down forcefully. Moreover, compared with the potential benefits, policy cost also needs to be integrally assessed because of the closure of outdated steel plants and laying off a large number of workers. To provide quality policy advice to better design and implement, this paper naturally aims to assess the complex interactions of integrated policies towards two interrelated goals of limiting climate change and reducing air pollution, coupled with addressing these controversies above.

Extant studies worldwide focusing on the IS industry have roughly undergone three essential stages. In the first stage, literature identified that tremendous potentials exist in the IS sector to reduce energy consumption and greenhouse gases (GHG) emissions (Ates, 2015; Hasanbeigi *et al.*, 2013). In the second stage, along with increasing attention on deteriorative air quality and severe urban haze events in Asian developing countries, scholars attempted to incorporated air pollutant emissions into research framework of synergistic effect analysis (Ma et al., 2016; Yang et al., 2018). Many studies focused on the technology level, from the initial energy-saving by single equipment installation to the current systematic application (Li et al., 2013), to the cleaner process by introducing end-of-pipe technologies and waste recycling (An et al., 2018; Li et al., 2019). The common routine of these researches is to simulate different alternative technology choices in energy service production process with bottom-up methods, such as the LEAP (Emodi et al., 2017), MARKAL (Krook-Riekkola et al., 2017), TIMES (Tattini et al., 2018), AIM/Enduse (Xing et al., 2018) and MESSAGEix model (Zhang et al., 2019) and predict the environmental impacts and financial costs brought by application of cost-effective technologies, which is valuable to formulate industry benchmarks (Zhang, Worrell and Crijns-Graus, 2015). However, in reality, apart from emission concerns, the decision-making of government mitigation policies is also often strongly driven by broad public interest, such as human health and macroeconomic effects (Yang et al., 2019; Yang and Liu, 2019). Then, in the third stage, to explore a wider scope of co-benefits, an increasing number of researches started to apply state-of-the-art interdisciplinary approaches (Li et al., 2019; Song, Huang and Feng, 2018). More attention has been paid to the impacts of industrial structure adjustment (Wang et al., 2018), which could provide a considerable incentive for the policymaker to weight cost and benefit of various mitigation goals. But the existing single energy optimization models have not featured in-depth insights into how structural change affects energy use and emissions in the regions (Griffin and Hammond, 2019; Song et al., 2019). In terms of the PCPP, as the current crucial industrial structure policy in China, a huge gap exists between the urgent need for more accurate estimation of integrated policy impacts and the limitation of current single models in use (Xia et al., 2018). To make this happen, a nexus approach needs to be newly introduced to characterize impacts as a part of a more general chain: policy, energy, emissions, health, and economics (PEEHE).

This article addresses four research questions: (1) how much could the PCPP contribute to the reduction of carbon emission and air pollutants? (2) how many health economic losses can be avoided due to the co-benefits of air quality improvement? (3) do the mitigation benefits outweigh the costs? do the differences vary in diverse provinces? (4) how to increase the synergies of multiple objectives to further improve the PCPP effectiveness? To this end, we extended previous analyses by (1) initially setting the key industrial structure change policy as unique research target and conducting fine-scale analysis on co-benefits and costs in multiple dimensions; (2) providing more detailed policy implications to respond to current policy controversies and identify how to balance regional disparities in pollution emission reduction.

Beijing-Tianjin-Hebei (BTH) region is selected as a case study for three reasons: (1) the rapid industrialization and urbanization in the past few decades have led BTH region to be one of the most dynamic but seriously polluted urban agglomerations in China; (2) BTH region pledged to fulfill over 40% of national IS capacity cutting targets because of its largest in steel output and gigantic energy consumption and pollution discharge burdens; (3) previous policy studies often treated all the areas of China as a whole (Chen et al., 2018) and disregarded the different policy consequences caused by regional heterogeneity.

The layout of the paper is as follows. The next section gives an overall picture of IMED model, which is a fundamental assessment scheme of the energy-environment-economy system. Section 3 describes the specific integrated assessment framework employed and scenarios in this study and the data used. Section 4 examines the comprehensive impacts of the PCPP implementation in the BTH region. Section 5 discusses several key implications from our analysis. Section 6 concludes the article.

2. Overview of the IMED Model

The cause and solution of climate change and environmental problems are not only related to pollution discharge but also related to energy, industrial structure, consumption patterns and macro-micro decisions, and have important impacts on health and socio-economic systems. It is a major concern by policymakers and academic communities to seek appropriate climate mitigation strategies and policies that could promote long-term sustainable socio-economic development. Hence, the Laboratory of Energy & Environmental Economics and Policy (LEEEP) at Peking University (PKU) is devoted to developing integrated assessment model — the IMED (Integrated Model of Energy, Environment and Economy for Sustainable Development) model, which is a system of models dealing with the complex systems of energy, environment and economy. The IMED model aims to systematically and quantitatively analyze economic, energy, environmental and climate policies at the city, provincial, national and global scales to provide relevant scientific support for decision making.

As illustrated in Figure 1, by integrating different kinds of models, the IMED model addresses various research objectives, including: (1) to simulate development pathways of energy, environment and economic systems; (2) to explore the mechanisms of driving forces of economic development; (3) to investigate the externality of different economic development patterns on resource, energy consumption and environment; (4) to quantify the cost and benefit of green and low-carbon transition.

The IMED model is composed of the following key modules: (1) **IMED**

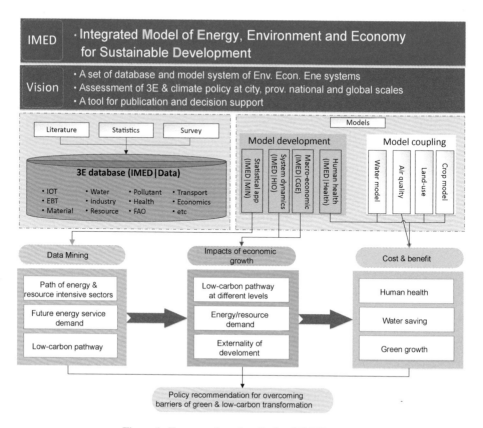

Figure 1. Framework and outlook of IMED model

Data, which is a database of energy, environment and economy-related to global and national input-output table, energy balance table, material and resource input-output table, industry statistics, environmental pollutant emissions, human health data etc. (2) **IMED|MIN**, which is a data analysis system through statistical techniques or machine learning techniques to find out laws of how economic development pattern, trajectories of key industry. It could help to provide a more plausible projection of the future socio-economic driving forces. (3) **IMED|CGE**, which is a Computable general equilibrium (CGE) model of the global economy and China's provincial and national economy. (4) **IMED|HIO**, which is a Hybrid Input-Output model that combines the top-down type input-output analysis and bottom-up type of various discrete technology choices. The purpose is to account the energy consumption and environmental pollutant emissions under various trajectories of economic development. (5) **IMED|HEL** model, which quantifies the health and economic impacts caused by ambient air pollution.

In addition, by soft-link with other existing models such as air quality model, water resource model, water quality model, crop model, land-use model, climate model, etc., IMED model attempts to provide insights to related policymaking from the perspectives of the interdisciplinary angle of societal-economic-industrial-energy-environment-climate chains.

3. Data and Methods

As Figure 2 shows, to complete the PEEHE chains, the intensity of use curve (IUC) was initially developed to project steel production on China's provincial-level that uncovers the core influencing factors to the future IS capacity. Then we adopted a new integrated impacts assessment process that builds on expanding and soft-linking multiple interdisciplinary models,

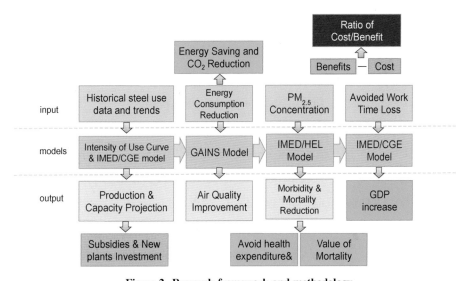

Figure 2. Research framework and methodology

including the greenhouse gas — Air pollution Interactions and Synergies (GAINS) model from International Institute for Applied Systems Analysis (IIASA), IMED | CGE, and IMED | HEL models from LEEEP. This integrated framework could represent energy-intensive industries with a high level of details for the period of 2015–2030, which set a solid foundation for evaluating future emissions and co-benefits of various Chinese regions. The defined base year in this research was 2015, when the PCPP widely came into operation in China. We selected the year 2030 as the time lags of some health benefits need more time to explore. This methodology framework aims to simulate the effects on energy saving, dual reduction of CO_2 and air pollutant emissions, associated health co-benefits, GDP gains and mitigation costs in reference to policy experiment scenarios.

3.1. Data

With the support of China's environmental departments and steel industry experts, we collected and built up a database of 65 ongoing steel plants, accounting for about 67.3% of total crude steel capacities and 73.1% of pig iron capacities in the BTH region. This database includes detailed information about each steel plant, including the general information about plants (e.g., location, opening year and activity levels), the quantity of industrial furnaces, consumption of main raw materials including energy, and output of various IS products. Therefore, it helps to better simulate the PCPP and examine the future change of the steel plants.

The social cost of carbon (SCC), the marginal global damage cost avoided or the net present value of one additional tonne of carbon emitted, is a vital measure in the cost-benefit analysis of GHG mitigation (Heal and Millner, 2014; Rose, Diaz and Blanford, 2017; Zhang et al., 2016). To get a more exact outcome in this study, we reviewed the latest model results and then assessed the SCC for China (Table 1). In this study, a discount rate of 10% is assumed.

Table 1. Social costs of carbon for China in this study

Social cost of carbon for China (USD/ton)	2015	2020	2025	2030
	14.9	17.4	19.0	20.7

Meanwhile, we used the energy price to monetize the benefits of energy-saving. Table 2 shows a summary of the energy price for coal and electricity which are two essential fuels in steel-making in the BTH region in 2015 (Zhang, 2016). The price for other fuels, e.g. oil and coke, was adjusted based on the calorific values. The future energy price was assumed at a constant price of 2015, which might be an underestimate of climate benefits. All monetization results in this study were inflation adjusted to 2002 U.S. dollars ($), which brings into correspondence with the setting of IMED|CGE model.

Table 2. Energy price for the BTH region in this study

	Province	Coal ($/GJ)	Electricity ($/kWh)
Energy price	Beijing	8.57	0.09
	Tianjin	4.68	0.10
	Hebei	4.78	0.10

3.2. Intensity of Use Curve

The Intensity of Use Curve (IUC) is one of the well-proven statistical methods used for demand forecasting of industrial products (Equation 1). Basically, there are two most frequently used practices in terms of IUC: one is to establish the correlation between the production and consumption of industrial product in all the consuming sectors (Neelis and Patel, 2006; Vries et al., 2002); the other is to calculate the homology between industrial product intensity per capita GDP and macroeconomic variables (Tanaka, 2008; Worrell et al., 2007). Notably, this method relies heavily on the availability of industrial product consumption and added value in all the downstream sectors (Zhang *et al.*, 2018).

$$Steel\ demand = \sum_i Steel\ demand = \sum_i \frac{value\ added}{population} \times \frac{steel\ consumption}{value\ added} \times population \quad (1)$$

Where i the downstream sectors which use steel.

To achieve sound estimation of future steel demand in the BTH region by 2030, this study expanded the IUC by combing the advantages of the mainstream approaches: (1) recognizing the top five steel consumers in China, including building, infrastructure, machinery and equipment, automobile, and transportation equipment, and then obtaining the historical steel consumption, stock, import and export in these sectors; (2) mapping the five downstream sectors above and sectors in IMED|CGE model (Table 3), and then predicting the industrial added value, import and export value of steel consuming sectors until 2030; (3) calculating the historical steel intensity based on results of step (1) and (2), and then forecasting the future domestic steel demand; (4) estimating the future steel stock, import and export in the same approach, since China is the world's largest steel exporter and BTH region also undertakes 28.93% of interprovincial steel trades (China Iron and Steel Industry Association, 2018); (5) summing up all above future domestic steel demand, stock, import and export (Equation 2). The final result of future provincial steel demand is one of the inputs for GAINS model.

Table 3. Sector mapping between projection and IMED|CGE model

Sectors (i) in Projection	Sectors in IMED|CGE model
Building	Construction
Infrastructure	

Continued

Sectors (i) in Projection	Sectors in IMED|CGE model
Machinery and equipment	Machinery
Automobile	Transport equipment
Railway, shipping	

$$Crude\ steel\ production = local\ consumption + net\ export \qquad (2)$$
$$+ net\ provicial\ export$$

3.3. GAINS Model

Developed and maintained by IIASA, the GAINS model can conduct the analysis of cost-benefits reduction strategies of air pollution and greenhouse gas emissions (Amann *et al.*, 2011; Liu *et al.*, 2019). It can estimate various emission scenarios with technology-based methodology following the Equation 3 for ten air pollutants (SO_2, NO_x, CO, NH_3, VOCs, $PM_{2.5}$, $PM_{2.5-10}$, PM_1, BC, OC) and six GHGs (CO_2, CH_4, N_2O, HFCs, PFCs, SF_6) on a medium-term time horizon, with projections specified in five-year intervals through the year 2050.

$$E_{its} = \sum_m [A_{its} * ef_{ism} * Appl_{itsm}]$$
$$ef_{ism} = ef_{is}^{NOC} * (1 - remeff_{sm})\ and\ \sum_m Appl_{its} = 1 \qquad (3)$$

Where A_{its} Activity s in region i in year t;

ef_{ism} Emission factor for the fraction of the activity subject to control by technology m;

$Appl_{itsm}$ Application rate of technology m to activity s;

ef_{is}^{NOC} No control emission factor for activity s;

$remeff_{sm}$ Removal efficiency of technology m when applied to activity s.

In this study, the main inputs fed into the GAINS model are the energy consumption scenarios and abatement measures, e.g., the change of energy use and the percentage of application of abatement technologies in the BTH region due to the PCPP. The role of the GAINS model is to estimate emissions of air pollutants, including SO_2, NO_x and $PM_{2.5}$ for BTH region. The $PM_{2.5}$ concentration is then used to calculate the health effects change.

3.4. IMED|HEL Model

By inputting the annual mean concentrations of $PM_{2.5}$ based on the grid-level results from the GAINS model, the IMED|HEL model can assess both physical and monetary health effects caused by ambient air pollution. Both acute and chronic exposure to incremental $PM_{2.5}$ concentrations lead to various health damages called health endpoints, mainly comprising morbidity and chronic mortality. According to the recent epidemic literature (Apte et al., 2015; Turner et al., 2016), in this study, we adopted both China-specific linear and nonlinear equations to describe the relationship between the relative risk (RR) for endpoint and the concentration level. The amount of health endpoints is received by multiplying RR with the population and reported the cause-specific mortality rate (Table A1 in Appendix). Annual work loss day (WLD) and health expenditure can also be quantified in the IMED|HEL model. The former consists of the work loss time from morbidity and mortality aged from 14-65 years old (Equation 4). The latter is obtained by multiplying total endpoints with provincial outpatient and hospital admission fees from the statistical yearbook.

$$WLD_{p, lat, lon, s, y, g} = \sum_{m}(EP_{p, lant, lon, s, y, m, "wld", g}) + \sum_{e, y'<y}(EP_{p, lat, lon, s, y', "mt", e, g})$$
$$\times SHR_{lat, lon, "14-65"} \times DPY \qquad (4)$$

Where WLD　Annual work loss day (day/year);

　　　　$Suffix_{p, lat, lon, s, y, e, g}$　Pollutant ($PM_{2.5}$ in this study), latitude, longitude of location, scenario, year, health endpoint, value range (medium, low and high), respectively;

　　　　"wld"　Subset "Work loss day" of e;

"*mt*"　　Subset "Chronic mortality" of m;

$SHR_{lat, lon, \text{"14-65"}}$　Share of mortality between 14 and 65 years old due to ambient air pollution;

DPY　　Per capita annual working days (5 day/week* 52 week/year=260 day/year).

Furthermore, two monetization methods are used to value physical mortality and morbidity change. Mortality cases were monetized with the value of statistical life (VSL) (Matus *et al.*, 2012; West *et al.*, 2013). As Chinese VSL related to air pollution ranges widely in different valuation studies (Xie *et al.*, 2017), here we applied 2.3 million Yuan as VSL estimation for Beijing from the latest discrete choice model research (Jin, 2017). Then we calculated the current and future VSL for Tianjin and Hebei in reliance on the understanding of the highly positive correlation between VSL and income level. In terms of morbidity cases, due to lack of studies on the value of statistical illness (VSI) based on willingness to pay (WTP) methods, the cost of illness (COI) was used as an alternative monetization approach (Cameron, 2014; Hunt *et al.*, 2016). This study used coefficient obtained from regression models of COI on GDP per capita from 2003 to 2013 in the BTH region of China to evaluate the COI in the future (Wu *et al.*, 2017).

3.5. IMED|CGE Model

The IMED|CGE model for this study is a recursive dynamic CGE model for 30 provinces of China with 22 economic sectors at a one-year time step. China-specific provincial data sources are the inter-regional input-output tables (IOT) (Li, Qi and Xu, 2010) and the Energy Balance Tables (EBT) (National Bureau of Statistics of China, 2003) for the base year calibration. The model is comprised of a production block, a market block with domestic and international transactions, as well as government and household incomes and expenditures blocks. There has been growing literature related to climate change mitigation measures and policy interventions based on the IMED | CGE model, including taxation and renewable energy policy (Dai and Xie et al., 2016; Dong et al., 2017), carbon emission trading policy (Dai et al., 2018), water/resource-energy nexus analysis, impacts of household (Tian et al., 2016) and industrial (Li et al., 2018) consumption pattern on energy and carbon (Weng et al., 2018), co-benefits of carbon reduction on resource use (Wang, H. et al., 2018) and air pollution control (Dong et al., 2015) at global, national and provincial levels. The model can also be soft-linked to other bottom-up technology models (Dai and Mischke et al., 2016) to expand the integrated assessment on interaction and feedback effects between different agents in the economic system. An up-to-date introduction to this model is available here.

In this study, the annual work loss rate (WLR) per capita which is obtained by dividing WLD with the working population and annual working days from IMED|HEL model, can be the input of the IMED|CGE model to calculate the actual labor force and GDP variance after subtracting the work loss.

3.6. Scenario Design Based on Policy Analysis

To examine the contribution of the PCPP to regional climate mitigation and co-benefits of air pollution and health impact, we designed three scenarios (Table 4). The detailed explanation is as follows.

Table 4. Scenario setting in this study

Scenarios	Description
BL	A baseline (BL) scenario that assumes no PCPP implementation in the BTH region
SL	Phasing out existing plants based on scale limitation, then building up the new plants with the largest scale (SL)
EE	Phasing out existing plants based on energy efficiency, then building up the new plants with the highest energy efficiency (EE)

(1) Baseline (BL) Scenario

The baseline scenario (BL) was designed based upon the assumption of no PCPP deployment in the BTH region after 2015. The database of steel plants in the BTH region and related statistical yearbooks provided the actual energy consumption and steel production in 2015 for BL scenario. The energy demands after 2015 were projected through the IUC method. The role of the BL scenario is to compare with the other scenarios and evaluate the benefits of the policy control.

(2) Scale Limitation (SL) Scenario

This scenario is used to simulate the current PCPP which referentially phased out the small plants based on scale limitation. According to the 13th Five-Year Plan (FYP) of China's iron and steel industry, specific closure targets are (1) iron-making blast furnaces (BF) with volume equal to or less than 400 m^3 per year; (2) steel-making converters (e.g. basic oxygen furnaces, BOF) and electric arc furnaces (EAF) with capacities equal or less than 30 tonnes per year, which are converted as unit scale limitation in Table 5. A list of small plants is published each year with time frames for closure according to predefined closure thresholds. Given the policy continuity, Table 5 also showed the future policy direction after time based on the variance trend of PCPP of previous periods. Targets for closure were often updated year to year since most of the original targets were surpassed. Simultaneously, the existing plants increase their capacity utilization rate to more than 80% by 2020. With small facilities out of the market, new plants with bigger size will be built up to meet the future steel demand.

Moreover, the central and local governments raised fiscal incentives to cover the costs associated with the closures, such as mass unemployment. According to the Greenpeace, it is assumed in this paper that Beijing and Tianjin use the equal number of subsidies in Hebei province, subsidizing

2.4 USD/t for pig iron, and 2.8 USD/t for crude steel.

Table 5. Unit scale limitation over time in SL scenario

Period	Unit Scale Limitation (Mt/year)	
	Pig Iron	Crude Steel
2016 – 2020	0.48	0.51
2021 – 2025	0.54	0.60
2026 – 2030	0.60	0.70

(3) Alternative Energy Efficiency (EE) Scenario

Besides the perspective of the unit scale, the model framework also highlights the policy debates over whether energy efficiency should be more appropriate as the limitation to phase out backward capacity. Energy efficiency defines industrial technology levels and abatement potential. It is worth noting that in our database of steel plants, energy consumption per crude steel and crude steel capacity per furnace (unit scale) are not positively correlated (Figure 3), which appears to support the judgment above. In other words, the energy efficiency of the largest steel plant is not the highest, but only above the average level. Even some smaller steel plants have a higher level of energy efficiency. Therefore, we develop a new alternative policy scenario (EE) by introducing the different levels of energy efficiency standards (Table 6). The closure thresholds for Beijing and Tianjin increase from 12.46 to 9.70 GJ/Mt between 2015 and 2030, following China's Standard GB21256 – 2013. As Hebei's Standard DB13/T 2137 – 2014 required, Hebei carried out stricter energy efficiency standards. Like the SL scenario, new plants with higher energy efficiency will be built up in the EE scenario.

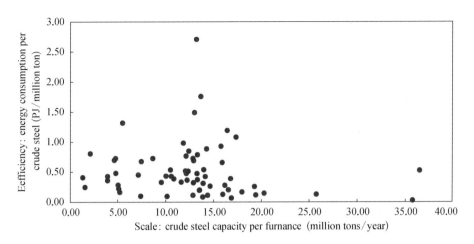

Figure 3. Relationship between energy efficiency and unit scale of plants in the database

Table 6. Energy efficiency limitation in EE scenario

Levels (GJ/Mt)	China' Standard GB21256-2013	Hebei's Standard DB13/T 2137-2014
Limitation	12.46	12.40
Access	10.11	10.11
Advanced	9.70	9.70

4. Results

4.1. Projection of Future Crude Steel Production in 2015–2030

As China entered to the so-called "new normal" period characterized by lower growth rate but higher growth quality, the steel demand and consumption peaked in 2014, and the production of crude steel has been reduced since 2015. The BTH region that accounts for over 25% of national IS output, has followed the same trend which is consistent with the historical trend in the developed world, such as US, Germany and Japan in the 1970s (World Steel Association, 2018). Figure 4 proved that the total crude steel output in the BTH region keeps falling since 2015 and will reach 179.8 Mt in

2030, with a significant rate of decrease (14.0%) from 2015. But total production in the BTH region is much larger than that of anywhere else in 2030 (Krishnan, 2017), which reveals that China would remain the world's top IS production base for a long time.

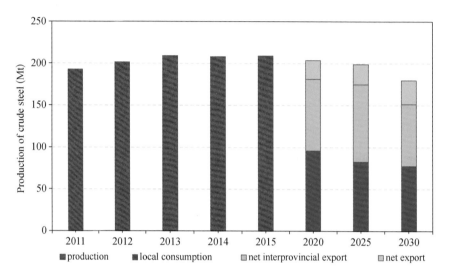

Figure 4. Historical crude steel production in 2011 – 2015 and projection in 2020 – 2030

Among three provinces of BTH, since all steel plants in Beijing have been moved to Hebei in 2010, the steel demand of Beijing in 2030, approximately 14.8 Mt, will be satisfied by its surrounding provinces. In metropolitan Tianjin, due to saturation of urbanization, the local steel consumption will first increase in 2020 and then decrease to 18.6 Mt in 2030. Hebei, as the least-developed province of the BTH region, since its industrialization and urbanization infrastructures are far from completion, the change in total IS production for local consumption and export remains steady, with an inconspicuous decrease by about variation of 8.5 Mt from 2015 to 2030. On the demand side (Figure 5), the construction sector will retain a dominant role in total consumption, while along with a declining overall share. In comparison to 2015, the percentage of total consumption for construction falls to 72.9% by 2030 because of domestic markets would nearly saturate. Transport equipment is projected to rise at an annual rate of 4.6% due to increasing personal income and vehicle population growth which drive higher travel demand.

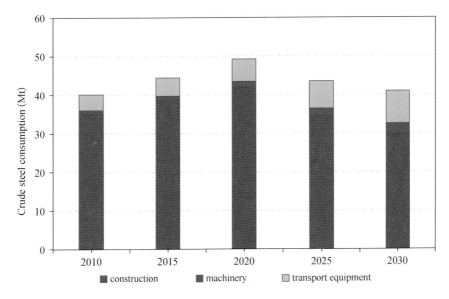

Figure 5. Crude steel consumption in main downstream sectors in the BTH region from 2010 to 2030

Reliable prediction on crude steel output in the BTH region in the future will help the government to better understand the future challenges for IS capacity planning and make proper industrial adjustment policy in current severe overcapacity.

4.2. Impacts on GHG Emission Reduction

Obviously, by shutting down huge overcapacity, the PCPP implementation could contribute to carbon reduction. Figure 6a and 6b show the total final energy consumption and total CO_2 emission in three scenarios for the IS sector in the BTH region. Energy consumption will drop from 2016.5 PJ in 2015 to 1499.2 PJ in 2030 in the BL scenario as a result of a decrease in steel production. The PCPP (SL scenario) will help to save by over 31.0% and 37.9% of energy consumption by phasing out small plants in 2020 and 2030, respectively. Unlike some previous researches (Hasanbeigi, Khanna and Price, 2017), this study considered both the direct and process-related emissions calculated from the GAINS model. As evidenced in Figure 6b, the total CO_2 emissions in SL scenario are projected to peak at about 400.1 million ton CO_2 equivalent ($MtCO_2$eq) in 2015, and then fall to 218.9 $MtCO_2$eq in 2030, equivalent to a huge drop rate of 45.9%.

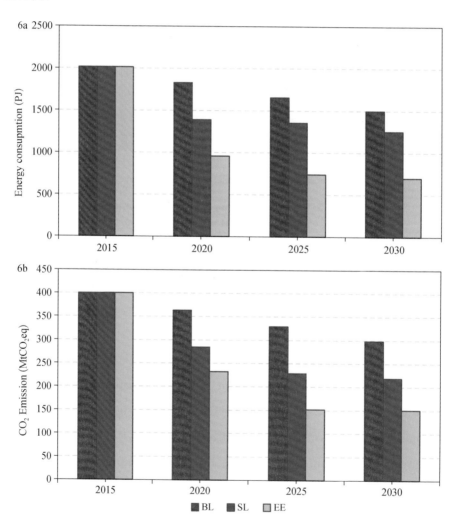

Figure 6. Energy consumption and CO_2 emission in the BTH region in 2015 – 2030

Adopting new regulation of phasing out backward plants and shifting from scale based on energy efficiency (EE scenario) could achieve a more significant decline in energy consumption and CO_2 emission than SL scenario. Compared with the BL scenario, energy-saving potential could achieve 871.7 PJ in 2020 and 799.8 PJ in 2030 in the EE scenario, equivalent to around 52.4% and 46.6% of total consumption. Furthermore, more energy saving would lead to more climate mitigation. The EE scenario could lead to a CO_2 reduction of 130.9 $MtCO_2$ eq and 147.9 $MtCO_2$ eq in 2020 and 2030, respectively. Hence, switching from scale limitation to energy efficiency would make the biggest contribution to climate mitigation compared with other scenarios. Therefore, in the future, we should give priority to energy efficiency to be taken into policy-making consideration.

In terms of monetized benefits from climate change mitigation, as illustrated in Figure 7, in 2020, 3734 million U.S dollar (M$), including 2065 M$ from energy-saving benefits and 1669 M$ from CO_2 reduction benefits, are received due to the PCPP in SL scenario. However, the total benefits would decline after 2020, since fewer and fewer small plants will be eliminated in the future, leaving all the large-scale plants that are complied with the PCPP in the market. In contrast, both the benefits of reduction of energy consumption and CO_2 emission in EE scenario rise at first, then decrease, and the peak would appear in 2025, which is a strong evidence that improving energy efficiency (EE) and promoting energy savings in IS sector would have crucial contribution to for China's carbon reduction. Among all the benefits, the benefits of CO_2 emission reduction are always more than that of energy saving in both scenarios. The biggest gap would occur in 2030 when the benefits of CO_2 reduction are three times that of energy savings. This could help decision-makers better understand the economic benefits behind decisions that would reduce emissions.

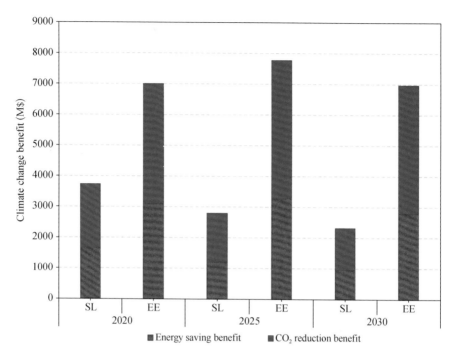

Figure 7. Benefits of climate mitigation in the BTH region in 2020–2030

4.3. Co-benefits of Air Pollution Abatement and Health Improvement

4.3.1. Impacts on Air Pollutants Emissions and Concentration

As one of the key energy-intensive sectors, the IS sector in China has always been characterized by "high energy use, high CO_2 emissions, and high pollution". As shown in Figure 7, NO_x, $PM_{2.5}$ and SO_2 emissions from the steel sector in the BTH region would experience a gradual decrease tendency by 2030 in the BL scenario due to the natural decline in steel production. Since major sources of NO_x, $PM_{2.5}$, SO_2 emission in steel production are from fuel combustion, process emissions (e.g., raw material extraction, coke making, sinter and pellet making, iron and steel making), and indirect emissions of electricity consumption, with the PCPP policy in SL scenario from 2015 to 2030, the total emission intensities of NO_x, $PM_{2.5}$, SO_2 would decrease, by 2.0%, 3.3%, and 0.6%, respectively. while in the

EE scenario, they would drop by 8.0%, 6.9% and 2.7%, respectively, indicating that the energy efficiency adjustment would be more effective. In consideration of provincial variations, taking $PM_{2.5}$ change in three provinces/ municipalities as example, it could be seen (Figure 8) that Hebei reduces pollutant emissions the most in 2030, accounting for 85.5% and 96.7% of total reduction in SL and EE scenarios, respectively, in accordance with the fact that Hebei would also undertake the largest share of IS capacity cutting, followed by Tianjin with 14.5% and 3.3% in SL and EE scenarios, respectively. All the pollutant emissions in Beijing would stay constant since all IS plants have relocated from the capital to neighboring regions before 2015. The emission tendencies and regional distribution of NO_x, SO_2 would be similar to that of $PM_{2.5}$.

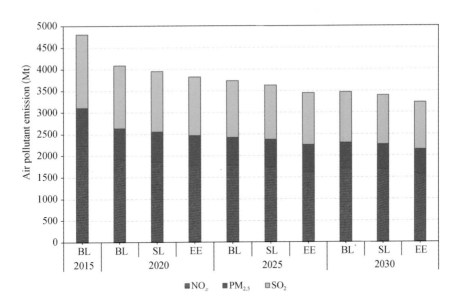

Figure 8. Air pollutant emissions in the BTH region in 2015 – 2030

Increasing air-pollution control policies have set up the reduction of $PM_{2.5}$ concentration as the main target. Figure 9 explains that $PM_{2.5}$ concentration in Hebei demonstrates a similar significant decline trend as the emissions. In SL and EE scenarios, $PM_{2.5}$ concentration in Hebei is expected to constantly fall by 0.5% and 1.6% to 45.2 $\mu g/m^3$ and 44.7 $\mu g/m^3$ from 2015 and 2030, respectively. In addition, the $PM_{2.5}$ concentration in a region depends upon not only emissions in one region but also transboundary emissions from the neighboring regions, which is known as "transboundary pollution effect". Although it is hard to reach a significant reduction in $PM_{2.5}$ precursor emissions in Beijing and Tianjin, they still reduce their $PM_{2.5}$ concentrations by 0.2 $\mu g/m^3$ and 0.3 $\mu g/m^3$ in 2030 in SL scenario due to synergic effects from Hebei. In short, corresponding to the inhibition effect on air pollution, the EE scenario has a stronger effect on air pollutant emissions intensity reduction than the SL scenario. Moreover, comparisons of future emission trends under three scenarios indicate that strengthening regional integration is in great need to further diminish various hazardous air pollutants from the IS sector in the future.

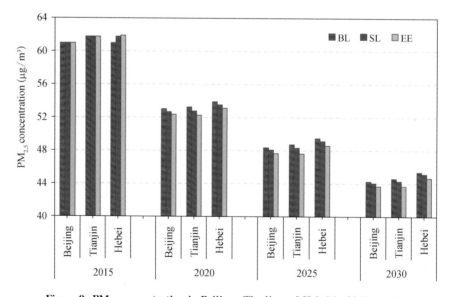

Figure 9. $PM_{2.5}$ concentration in Beijing, Tianjin and Hebei in 2015 – 2030

4.3.2. Impacts on Mortality and VSL

The impacts of different policy scenarios are further explored through the IMED|HEL model, by which the changes in the $PM_{2.5}$ concentration are applied to predict variations in physical and monetized health effects in the BTH region due to the policy.

Premature death is the most concerning consequence of exposure to air pollution. The total mortality from $PM_{2.5}$ in BTH region was 143.0 thousand persons (kP) in 2015 in BL scenario, with 21.9, 15.7 and 105.4 kP in Beijing, Tianjin and Hebei, respectively (Figure 10a). Then mortality would decrease to 98.4 kP in 2030 due to steel demand reductions. In the SL scenario, with the implementation of PCPP, the modeled mortality in the BTH region will show a continuous decline by 15.4% (121.1 kP) in 2020 and 31.6% (97.8 kP) in 2030. EE scenario leads to 46.6 thousand premature deaths in the BTH region in 2030, which is equivalent to additional reductions of 32.6% compared with SL scenario. At the provincial level, the total mortality in Hebei is estimated to be 72.8, 72.4, 71.4 kP in BL, SL and EE scenario, with the most remarkable decrease among three provinces, followed by Tianjin and Beijing, since provinces with severer air pollution will have more benefit from air quality improvement due to mitigation policies.

This research also evaluated the economic benefits of avoided premature deaths (Figure 10b). Mortality losses in 2015 were valued at 11.2, 8.0 and 33.4 billion U.S. dollar (B$) in Beijing, Tianjin and Hebei in BL scenario, which was equivalent to 0.5%, 0.5%, and 1.1% of the corresponding GDPs, respectively. The mortality benefits of implementing the PCPP are 0.1, 0.1 and 0.2 B$ in Beijing, Tianjin and Hebei, respectively, which means that 15.4%, 23.7% and 31.6% of mortality losses are expected to be avoided in 2030 in SL scenario, respectively. If the policy is turned into energy efficiency limitation in the EE scenario, there will be gains of 0.2, 0.2 and 0.7 B$ health benefits from the avoided mortality cases in Beijing, Tianjin and Hebei in the EE scenario. Hebei has the biggest amount of avoided premature losses from mitigation, a life value saving of approximately 0.2 B$ in SL scenario and 0.7 B$ in EE scenario will be received in 2030. Beijing has a relatively

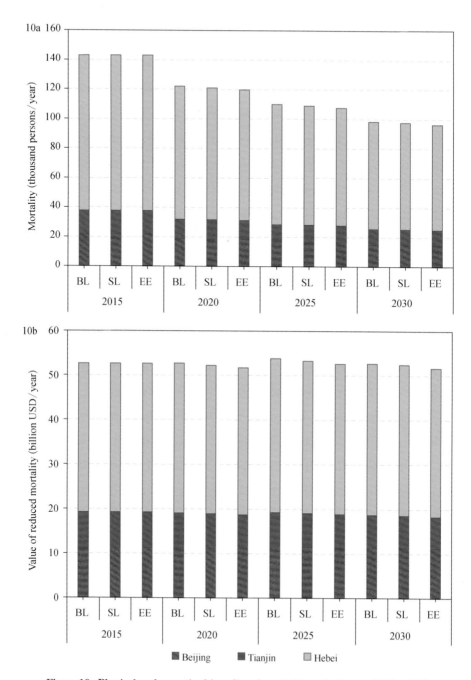

Figure 10. Physical and monetized benefits of mortality reduction in 2015–2030

small number of reduced premature deaths, for a life value savings of about 0.1 and 0.2 B$ in SL and EE scenario, respectively.

4.3.3. Impact on Morbidity and Medical Expenditures

Besides mortality, the health impacts are also represented using the metrics of morbidity in Beijing, Tianjin and Hebei province. Per capita morbidity refers to the probability of an individual experiencing an air pollution-related health endpoint over the course of one year, including outpatient and hospital admission. Figure 11a presents the impact of ambient $PM_{2.5}$ pollution on morbidity, including asthma attacks, cardiovascular hospital admissions, cerebrovascular hospital admissions, chronic bronchitis, respiratory hospital admissions, and respiratory symptoms. Without carrying out the PCPP, the morbidity losses for the BTH region would be 661.7, 475.6 and 3187.0 thousand cases (kC) in 2015 in the BL scenario. With continued implementation of the PCPP, morbidity losses will decrease by 46.3% to 2955.9 kC from 2015 to 2030. Compared to the SL scenario, mitigation policy based on energy efficiency could further reduce the morbidity risk by 33.4 kC in 2020 and 41.9 kC in 2030. Similar to mortality, Hebei still would obtain the highest $PM_{2.5}$-related morbidity risk for the long term, accounting for approximately 74.1% of all risk in 2030 in the SL scenario, followed by Beijing and Tianjin. Air pollution also leads to additional medical expenditures (Figure 11b). Additional medical expenditure is regarded as household expenditure pattern change, which means as more money is spent on medical services, less is available on other commodities. In 2015, the BTH region paid an additional 226.0 M$ for $PM_{2.5}$ exposure-related morbidity losses in the BL scenario, and it will increase to 269.0 M$ in 2030. While in the SL scenario, the expenditure in 2030 would reduce by 0.6% (1.6 M$) in comparison with the BL scenario. Furthermore, the benefits are much larger in EE scenario, at 4.3, 5.9 and 5.4 M$ in 2020, 2025 and 2030, respectively, accounting for 1.8%, 2.3% and 2.0% of their respective morbidity losses.

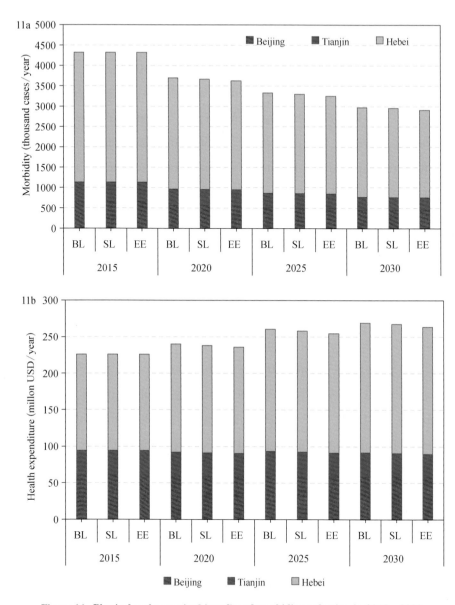

Figure 11. Physical and monetized benefits of morbidity reduction in 2015 – 2030

4.3.4. Avoided Work Time Loss and GDP Variation

The economic impacts of the PCPP are evaluated through the health-related macroeconomic impacts based on the avoided work time loss. Namely, there are increments of labor supply from the reduction of morbidity and mortality cases due to air quality improvement, which will lead to an increase in GDP. It can be seen from Figure 12a, that for the whole

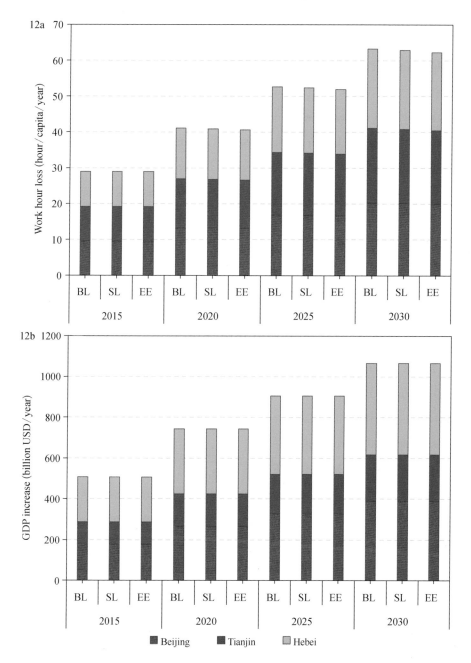

Figure 12. Avoided work time loss and related GDP variance in 2015–2030

BTH region, the annual per capita work time loss is 29.0 hours (h) in the BL scenario in 2015 and would increase to 63.3 h in 2030. Although the mortality and morbidity drop gradually, per capita work loss in 2030 is even higher than in 2015. This is mainly because the age coverage of morbidity (all age groups) and mortality (over 30 years old) is distinct from that of the labor force (15 – 65 years old). However, under SL and EE scenarios, the per capita work loss decreases to 62.9 h and 62.3 h in 2030, respectively. It appears that in the better policy case of the EE scenario, the annual per capita work time loss could be avoided by 1 hour. At the provincial level, the provincial disparity in the annual per capita work time loss is consistent with the provincial differences in $PM_{2.5}$ concentration. In 2030, annual per capita work time loss will drop back to 20.0 h (32.1% of total annual work time in 2030) in Beijing, 20.5 h (32.8%) in Tianjin, 21.9 h in Hebei (35.1%) in the EE scenario, thus Beijing has the lowest work time loss from air pollution. The avoided work time loss will lead to gains in the GDP as simulated by the IMED|CGE model. Compared to the BL scenario, GDP will rise by 46.8 and 118.1 M$ for the BTH region in 2030 under SL and EE scenario (Figure 12b). Since Hebei would witness the greatest ambient air quality improvement, it would also obtain the highest GDP growth (47.5% of total gains) among all three regions.

4.4. Mitigation Cost of the Policy

The policy cost is structured in two distinct segments: (1) government subsidies for the shutdown of steel plants and (2) annualized investment cost for new plants to meet the future iron & steel production.

Closures of small steel plants have caused unemployment problems since the more modern plants usually require fewer workers. Various subsidies policies that promote efficient industrial restructuring or provide assistance to workers who may be displaced can be useful tools to address the problem and promote greater stability in society. In practice, the central and local governments should be responsible for raising additional funding to cover the costs associated with the closures. On the other hand, according to the projection of steel demand in the BTH region in Section 4.1, along with the shutdown of inefficient and backward steel plants, more efficient and bigger plants are needed to be newly built up to meet the future production. The costs of investing a new plant include capital investment and variable cost. Nonetheless, due to data limitation, we assumed that the variable cost of new plants is equal to that of the old plants, which means only the capital investment will be counted into the cost calculation. According to MESSAGEix-China model (Huppmann et al., 2019), the annualized investment cost for new steel plants is set to 24.0 USD/t.

As evidenced in Figure 13, total costs keep increasing during the whole research period in SL and EE scenario. Investment in new plants dominates the total cost, giving the policy-makers a clue that designing carefully the elimination threshold instead of blindly reducing capacity will contribute significantly to balance the cost and benefit. Comparing two policy scenarios, we find that the EE scenario bears less cost than the SL scenario, with the biggest difference (129.9 M$) occurring in 2020, proving that the indicators

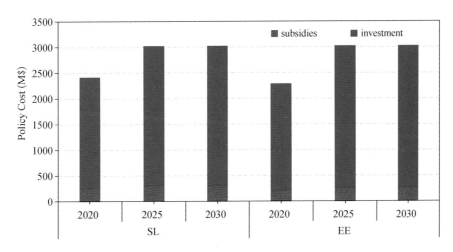

Figure 13. Policy cost in SL and EE scenario in 2015 – 2030

of scale an energy efficiency is not necessarily positive once again. It's also worth mentioning that Hebei accounts for the greatest proportion of the total regional cost for two reasons: (1) Hebei actually took the largest part of capacity cutting target; (2) All the steel plants of Beijing have moved into Hebei before 2015 as required in "Beijing-Tianjin-Hebei Integration Plan". Meanwhile, only three small-scale steel plants in Tianjin are recorded in our database and will be phased out in 2020. Thus, Hebei bears all the policy cost during 2020–2030.

5. Discussion

5.1. Mitigation Benefits and Costs Comparison

All efforts to combat climate change and air pollution face the money test: are the benefits and co-benefits of avoiding global warming and regional air pollution greater than the mitigation costs? Figure 14 comprehensively summarized the main findings of this study in terms of total costs and benefits from the perspective of climate mitigation and air pollution-related health impacts in two policy scenarios of SL and EE. It's worth pointing out that the term "total costs" in this study is industry-level cost, indicating how much the policy costs whole IS sector will bear. On the contrary, the total benefits are social benefits that comprise of not only the monetized energy savings and carbon reduction, but also various co-benefits related to air quality improvement, including health expenditure savings and VSL due to morbidity and mortality reduction, and the GDP gain attributed to increased labor supply. Unlike the traditional cost-benefit analysis (CBA), we cannot calculate the net benefits by simply subtracting total costs from total benefits which are not the same category. However, we could still directly compare the cost-related and benefit-related results between two different scenarios, and these differences will explain the merits and demerits of current PPCP and its possible improvement.

附录 B 中国钢铁行业去产能政策的气候与健康协同效益研究

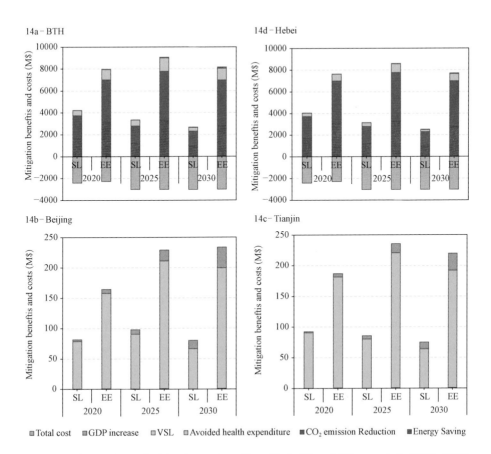

Figure 14. Comparison of mitigation costs and benefits in SL and EE scenario in 2020 - 2030

Evidently, as demonstrated in Figure 14a, the benefits from climate mitigation (3733.3 M$) have already exceeded the total cost (2410.5 M$) in 2020 owing to the PCPP, and EE scenario undoubtedly delivers more benefits (6998.2 M$), almost double the amount of SL. The differences between benefits and costs keep expanding if taking the health and macroeconomic co-benefits in considerations, reaching 1810.2 and 5697.2 M$ in SL and EE in 2020. Therefore, the PCPP is definitely worth implementing. Further analysis indicates that the benefits are dominated by CO_2 reduction that far exceeds all the other benefits, while VSL savings are always the largest component of all co-benefits in every scenario, which is in line with other similar studies (Saari et al., 2015; Garcia-Menendez et al., 2015). Nonetheless, after 2020, in a huge reversal, the results of the cost-benefit comparison remind us of the flaws of current policy design. The differences between the climate change mitigation benefits and total cost become negative (−225.6 M$) in 2025 and increased to −707.4 M$ in 2030 in SL scenario. Even considering the co-benefits above, the differences still stay below zero (−336.6 M$) in 2030, meaning that the PCPP needs to be readjusted to make benefits outweigh costs in the long run. Nevertheless, in the EE scenario, the differences always keep positive from 2015 to 2030, ranging from 5697.2 to 5140.1 M$. This crucial factor indicates that benefits from both carbon and air pollutant emissions can be more significantly promoted by switching scale limitation to energy efficiency at a smaller cost.

Additionally, in terms of provincial differences, Figure 14b-14d point to sharp variations of costs and benefits among the three provinces. Hebei would bear the majority of region-wide costs. The concept of "benefit-cost ratio (BCR)" is presented in this study to disclose the amount of monetary gain realized by performing a policy versus the amount it costs to execute the same policy. The BCR of whole BTH region is accepted as an average reference for comparing the effects of policy implementation in different provinces. If the BCR of a province is less than that of the whole region, we consider that the regional inequalities exist, since this province receives as many benefits as the average with more costs or fewer benefits with the same cost as the average. In other words, its neighboring provinces with higher BRC are supposed to be given more accountability to achieve common systemic interest. From this perspective, the BCR of Hebei is always lower than the average during the whole period, but instead, Beijing and Tianjin have a larger BCR. This indicates a disparity in resources and development during the IS industry restructuring between the areas needs to be overcome. In the case of our study, this disparity is particularly prominent in Hebei province, which had a GDP per capita of only 36.4% of that of Beijing and 37.4% of Tianjin in 2016.

5.2. Policy Implications

The PCPP is now a focus of China's supply-side structural reforms. The connotations and targets of policy are constantly enriched since the beginning of implementation, including controlling total capacity, reducing emissions and optimizing the structure. The interrelation of multiple objectives is not contradictory but lacks synergies, which has already directly affected the overall effectiveness of the PCPP. The continuous air pollution in the BTH region is still receiving widespread attention, with a higher $PM_{2.5}$ concentration (approx. 44 $\mu g/m^3$ in SL scenario of our study) than the national standard (35 $\mu g/m^3$) as well as WHO air quality guidelines (10 $\mu g/m^3$).

In reality, the primary way (if not the only way) of how the central government would evaluate local authorities' tasks of phasing out, is how many capacities to be shut down during every five-year plan. This implies that so far there is no causal connection between whether the production capacity is up to energy or emission standards and whether it is included in the elimination list: no matter complying with international advanced standards or ordinary standards, all the capacities are subject to current PCPP. Such the "one-size-fits-all" policy belongs to planned control and would pose a big pressure on local governments to only concentrate on the goal of cutting capacities, and even to some extent, limited the high-end upgrade of steel production. Executive action may produce significant results in a short period. However, in the long run, the positive correlation with the total pollutant discharge is the steel output rather than the total capacity, meaning that the environmental effect of reducing capacity has become increasingly limited, while the policy cost rises up simultaneously. Further emission reduction must rely on promoting technological progress through more stringent standards.

In all the multiple targets of the PCPP, reducing emissions is the most pressing task under dual pressures from combatting climate change and air pollution. The comparison between SL and EE scenario confirmed that evaluating whether the capacity is advanced in accordance with emission standards is more cost-effective than using the scale indicator of steel-making furnaces. Decreasing energy use and pollutant emission levels, as vital indicators for assessing steel plants, is an important means to limit the current unsustainable consumption of energy resources (Farla and Blok, 2001). A survey from the Development Research Center of the State Council of China also showed that steel plants are more willing to accept energy efficiency and emission standards in place of plant scale interventions. Comparing with scale limitations, standard regulations could form a long-term mechanism to solve backward production capacity. In brief, reducing emissions and improving energy efficiency could promote the realization of other goals, and should play a key role during future policy design. Furthermore, the policymakers should not ignore the big differences in BCR in different provinces, especially the less developed province Hebei has to bear more cost than Beijing and Tianjin. This calls for necessary fiscal incentives from central government and local government originated from more developed region to promote closer integration among provinces and to cover the costs associated with the closures, which is consistent with other studies (Xie *et al.*, 2016; Zhang *et al.*, 2019).

5.3. Research Limitations

Ideally, the cost-benefit analysis should add up all the benefits and costs. In this study, we mainly focus on these benefits that can be quantified by the designed integrated assessment framework. But it doesn't mean that those nonquantifiable benefits, e.g. the labor productivity and creativity, the human comfort influenced by air quality improvement should be neglected. In other words, we underestimated the economic impacts and health benefits of the PCPP. In addition, for the reasons that the GAINS model currently can only generate the concentration of $PM_{2.5}$, the current health benefits were just obtained from the $PM_{2.5}$ improvement. Actually, O_3, as another common pollutant emission from heavy industry should also be put into consideration as essential parts of health benefits (Xie et al., 2019).

In terms of the policy cost, due to the data limitation, the industrial added value from the shutdown steel plants cannot be calculated. A field survey in the future will help to address this issue by measuring the real losses of these steel plants.

6. Conclusion

Greater collaboration in mitigation policies will benefit from fully understand the potential co-benefits of carbon reduction and air pollution abatement, giving more specific guidance to developing countries facing heavy air pollution. The PCPP, as the key strategy of supply-side structural reforms, is supposed to deeply influence the industrial restructuring and realization of national emission reduction targets. To estimate the comprehensive impacts of PCPP for IS sector in the BTH region, we set up an integrated methodology by soft-linking the multiple interdisciplinary models: the GAINS model, IMED|HEL and IMED|CGE model, as well as the method of intensity of use curve based on a statistical database of operating steel plants. This research framework can not only quantify synergies between CO_2 and air pollutants reduction but also yield valuable insights on co-benefits from health improvement and related GDP variations and policy costs.

By comparing the monetized mitigation costs and benefits under three scenarios, we discover that the PCPP acquires short-term significant benefits of emission reduction and health improvement between 2015 to 2020, however, if putting the increasing policy costs into consideration, the gap between mitigation benefits and total costs will keep narrowing during 2020 to 2030, meaning that the current policy design based on the scale limitation to phase out backward capacities need to be readjusted in the future. By contrast, findings from the alternative policy scenario remind policymakers that policy outcomes can be more significantly increased at lower cost by switching scale limitation to energy efficiency constraint. Decision-makers should also be fully aware of the provincial disparity caused by unbalanced benefit-cost ratios in different provinces of the BTH region and thus provide additional incentives to the underdeveloped area that bears more costs for reducing the regional inequity. This study, however, is subject to several limitations, including adding more elements of health co-benefits analysis rather than only focus on $PM_{2.5}$, and uncovering the whole losses of steel plants shutdown by conducting a field survey in the future.

Acknowledgment

This paper was supported by the Natural Science Foundation of China (Grant Nos. 71704005; 51861135102; 71810107001) and IIASA's Young Scientists Summer Program (YSSP) sponsored by the National Science Foundation of China (71811540349).

Appendix

Table A1 Concentration-response functions for $PM_{2.5}$-related health endpoints.

Category	Population	Endpoint	Medium	C.I. (95%) Low	C.I. (95%) High
Morbidity	Adult	Work loss day	0.0207	0.0176	0.0238
	All ages	Respiratory hospital admissions	1.17E-05	6.38E-06	1.72E-05
	Adult	Cerebrovascular hospital admission	8.4E-06	6.47E-07	1.16E-05

Continued

Category	Population	Endpoint	Medium	C.I. (95%) Low	C.I. (95%) High
	Adult	Cardiovascular hospital admissions	7.23E-06	3.62E-06	1.09E-05
	Age 27+	Chronic bronchitis	4.42E-05	−1.8E-06	9.02E-05
	All ages	Asthma attacks	0.000122	4.33E-05	0.001208
	All ages	Respiratory symptoms days	0.217	0.025	0.405
Mortality	Age 30+	All cause	0.004	0.0003	0.008

Notes: Unit of work loss day is day/person/($\mu g/m^3$)/year, the others' unit is case/person/($\mu g/m^3$)/year

Source: Pope III et al., 2002; Bickel et al., 2005; Apte et al., 2015

附录 C
钢铁行业降碳减污相关政策措施

本节分别整理和总结了"十二五""十三五""十四五"及至 2030 年前在钢铁行业领域已经颁布和计划出台的大气污染控制与温室气体减排相关的政策内容与量化目标。需要着重强调的是,这部分内容是本研究进行第 4~6 章情景设定时所参考的重要的政策依据。

表 C.1 "十二五"(2011—2015 年)钢铁行业降碳减污政策措施与目标

年份	文 件 名 称	内 容 摘 要
2011	钢铁工业"十二五"发展规划	在品种质量、节能减排、产业布局等 6 个方面提出了具体目标;从加快产品升级、深入推进节能减排、强化技术创新等 9 个方面明确了钢铁工业发展的重点领域和任务。
2011	再生资源增值税政策	对废钢铁开始按照 17% 的增值税全额征税,不再退税。
2011	产业结构调整指导目录(2011 年本)	钢铁产业类条款共计 84 条,其中鼓励类 17 条、限制类 20 条,淘汰类中落后生产工艺装备 44 条、落后产品 3 条。
2011	中华人民共和国资源税暂行条例	焦煤资源税率为每吨 8~20 元,其他煤炭仍按每吨 0.3~5 元收取。
2012	新材料产业"十二五"发展规划	第四项为高性能钢铁材料专项工程。
2012	关于加快应用高强钢筋的指导意见(建标〔2012〕1 号文)	2013 年底在建筑工程中淘汰 335 兆帕级螺纹钢筋,2015 年底高强钢筋的产量要占螺纹钢筋产量 80%,在建筑工程中使用量要占钢筋总量的 65% 以上。

续表

年份	文件名称	内容摘要
2012	"十二五"国家应对气候变化科技发展专项规划（国科发计〔2012〕700号）	在钢铁工业领域，发展煤粉的催化强化燃烧及减排关键技术、微波冶金技术、无水装煤炼焦技术、高炉渣余热回收关键技术、低品质热能回收及综合利用技术。
2012	"十二五"节能环保产业发展规划	明确了钢铁行业节能环保的关键技术清单。
2012	"十二五"国家战略性新兴产业发展规划	明确了钢铁行业技术发展路线和重大行动。
2012	高品质特殊钢科技发展"十二五"专项规划	重点突破耐热钢、耐蚀钢和耐磨钢等高性能特殊钢关键材料技术，形成具有国际先进水平的高品质特殊钢材料体系和生产工艺流程，实现高品质特殊钢材料国产化和规模应用。
2012	钢铁行业规范条件（2012年修订）	明确了现有钢铁企业生产规范，加强行业管理和不合规企业淘汰。
2012	废钢铁加工行业准入条件	对废钢铁加工企业在布局与建设、工艺、规模、设备、产品质量等方面提出明确要求。
2012	中国钢铁工业协会关于加强行业科技工作的意见	总结已有的科技成果，明确了加强钢铁行业技术创新的领域和方向。
2013	关于加快推进重点行业企业兼并重组的指导意见	到2015年，前10家钢铁企业集团产业集中度达到60%左右，形成3~5家具有核心竞争力和较强国际影响力的企业集团，6~7家具有较强区域市场竞争力的企业集团。
2013	国务院关于印发循环经济发展战略及近期行动计划的通知	到2015年，吨钢综合能耗降到580 kgce/t，吨钢耗新水量降到4立方米，废钢回收利用量达到1.3亿吨，冶炼废渣综合利用率达到97%，重点钢铁企业焦炉干熄焦普及率超过95%。
2013	关于执行大气污染物特别排放限值的公告	在重点控制区的火电、钢铁等六大行业及燃煤锅炉项目执行大气污染物特别排放限值。
2013	钢铁工业污染防治技术政策	提出了钢铁工业污染防治可采取的技术路线和方法，包括清洁生产、水污染防治、大气污染防治、固体废物处置及综合利用、噪声污染防治、二次污染防治、新技术研发等内容。
2013	国务院关于印发大气污染防治行动计划的通知	严格控制新增产能，新、改、扩建项目要实行产能等量或减量置换；压缩过剩产能，到2015年再淘汰炼铁产能1500万吨，炼钢产能1500万吨。
2013	京津冀及周边地区落实大气污染防治行动计划实施细则	京津冀及周边地区不得审批钢铁行业新增产能项目，加快淘汰落后产能，对不同地区规定了具体目标。

续 表

年份	文件名称	内容摘要
2013	国务院关于化解产能严重过剩矛盾的指导意见	2015年底前再淘汰炼铁1500万吨、炼钢1500万吨。重点推动山东、河北、辽宁等地区钢铁产业结构调整,压缩钢铁产能总量8000万吨以上。
2014	关于做好部分产能严重过剩行业产能置换工作的通知	做好钢铁、电解铝、水泥、平板玻璃行业产能置换工作。
2014	关于印发《京津冀及周边地区重点工业企业清洁生产水平提升计划》的通知	实现京津冀及周边地区到2017年重点行业排污强度比2012年下降30%以上的目标,从源头减少大气污染物的产生量,降低末端排放量,全面提升清洁生产水平。
2014	大气污染防治重点工业行业清洁生产技术推行方案	提出企业要充分发挥作为应用清洁生产技术主体的作用,积极采用先进适用技术实施清洁生产技术改造。
2014	焦化行业准入条件(2014年修订)	提出焦化企业的准入条件和落实新增产能与淘汰产能等量或减量置换方案。
2014	钢铁行业清洁生产评价指标体系	发布钢铁等14个行业清洁生产评价指标体系文件。
2014	关于调整排污费征收标准等有关问题的通知	调整排污费征收标准,促进企业治污减排;加强污染物在线监测,提高排污费收缴率;实行差别收费政策,建立约束激励机制。
2015	企业产品成本核算制度——钢铁行业实施办法	明确了大中型钢铁企业钢铁产品成本核算的基本步骤,通常设置"生产成本"等会计科目。
2015	关于钢铁行业规范条件(2015年修订)和钢铁行业规范企业管理办法的公告	替代2012年颁布的钢铁行业规范条件。
2015	关于印发部分产能严重过剩行业产能置换实施办法的通知	继续做好产能等量或减量置换工作,严禁钢铁、水泥、电解铝、平板玻璃行业新增产能。
2015	关于调整铁矿石资源税适用税额标准的通知	将铁矿石资源税由减按规定税额标准的80%征收调整为减按规定税额标准的40%征收。
2015	钢铁企业能源管理中心建设实施方案	计划在2020年前,建设和改造完善钢铁企业能源管理中心100个左右,实现在年生产规模200万吨及以上的大中型钢铁企业基本普及能源管理中心。
2015	关于印发2015年原材料工业转型发展工作要点的通知	着力化解过剩产能,推动行业向中高端迈进;结合流程工业特点,大力推进两化深度融合。
2015	铁合金、电解金属锰行业规范条件	明确了上述行业的准入条件。鼓励提升工艺技术、节能环保、安全生产等水平。

表 C.2 "十三五"(2016—2020 年)钢铁行业降碳减污政策措施与目标

年份	文件名称	内容摘要
2016	国务院关于钢铁行业化解过剩产能实现脱困发展的意见	从 2016 年开始,用 5 年时间再压减粗钢产能 1 亿~1.5 亿吨,行业兼并重组取得实质性进展,产业结构得到优化,资源利用效率明显提高,产能利用率趋于合理,产品质量和高端产品供给能力显著提升,企业经济效益好转。
2016	关于在化解钢铁煤炭行业过剩产能实现脱困发展过程中做好职工安置工作的意见	提出了职工安置的总体要求,细化了相关政策措施。
2016	工业和信息化部关于印发钢铁工业调整升级规划(2016—2020 年)的通知	到 2020 年,钢铁工业供给侧结构性改革取得重大进展,粗钢产能净减少 1 亿~1.5 亿吨;能源消耗和污染物排放全面稳定达标,总量双下降;推进钢铁工业绿色制造,实施绿色改造升级。明确了加快推广和淘汰的节能环保工艺技术装备清单。
2016	遏制钢铁煤炭违规新增产能及打击"地条钢"通知	进一步规范钢铁行业建设生产经营秩序的有关工作,防止退出产能复产、加快淘汰落后产能。
2017	关于第一批拟撤销钢铁规范公告企业名单的公示	35 家企业因违法违规或列入去产能计划而被撤销。
2017	关于铸造用生铁规范企业调整情况的公示	撤销 8 家铸造用生铁企业。
2017	关于 2017 年铁合金、电解金属锰行业规范管理动态调整企业名单的公示	58 家企业列入撤销,61 家限期整改。
2017	关于运用价格手段促进钢铁业供给侧结构性改革有关事项的通知	实行更加严格的差别电价政策;推行阶梯电价政策。
2018	工业和信息化部关于印发钢铁水泥玻璃行业产能置换实施办法的通知	严禁钢铁、水泥和平板玻璃行业新增产能,继续做好产能置换工作。
2018	关于钢铁规范企业动态调整情况的公示	12 家企业符合钢铁行业规范条件,拟列入规范企业名单;11 家企业拟撤销,17 家整改。
2018	关于拟动态调整钢铁规范企业名单的公示	19 家企业拟撤销;12 家拟责令整改;48 家企业压减产能关停了部分冶炼装备。
2019	关于焦化准入企业动态调整情况的公示	40 家企业拟撤销。
2019	符合《钢铁行业规范条件》企业名单(第四批)	撤销 11 家企业;17 家需整改。

续表

年份	文件名称	内容摘要
2020	关于完善钢铁产能置换和项目备案工作的通知	暂停钢铁产能置换和项目备案;开展现有钢铁产能置换项目自查。
2020	关于钢铁规范企业动态调整情况的公示	7家撤销;13家拟责令整改;12家冶炼装备变化。
2020	关于《焦化行业规范条件》的公告	替代之前颁布的行业规模。
2020	关于做好2020年重点领域化解过剩产能工作的通知	明确了2020年钢铁化解过剩产能工作要点。
2020	关于公开征求《碳排放权交易管理暂行条例(草案修改稿)》意见的通知	提出了全国碳排放权交易市场建设的决策部署和具体管理办法,公开征集意见

表 C.3 "十四五"(2021—2025年)钢铁行业降碳减污政策措施与目标

年份	文件名称	内容摘要
2021	五部委联合发布公告 合标再生钢铁原料1月1日起可自由进口	符合再生钢铁原料国家标准的再生钢铁原料,不属于固体废物,可自由进口;不符合再生钢铁原料国家标准规定的,禁止进口。
2021	碳排放权交易管理办法(试行)	对碳排放配额分配和清缴、碳排放权交易等提出了43条管理办法。
2021	冷轧钢带企业绿色工厂评价要求等两项团体标准发布	标准明确了冷轧钢带、焊接钢管制造企业绿色工厂评价的特性指标,细化了能源资源投入、产品、环境排放、绿色绩效等方面的具体要求。
2021	钢铁行业绿色生产管理评价标准	提出了8项团体标准。
2021	关于印发《绿色技术推广目录(2020年)》的通知	公布了118项计划推广应用的绿色技术。
2021	关于加强重点行业建设项目区域削减措施监督管理的通知	对污染物排放量大的重点行业的重大项目,针对其新增排放量的污染物提出相应的区域削减措施,确保项目投产前腾出环境容量,实现区域"增产不增污"。
2021	关于统筹和加强应对气候变化与生态环境保护相关工作的指导意见	到2030年前,应对气候变化与生态环境保护相关工作整体合力充分发挥,生态环境治理体系和治理能力稳步提升,实现碳达峰与碳中和目标,助力美丽中国建设。

续 表

年份	文件名称	内容摘要
2021	工信部公示符合《废钢铁加工行业准入条件》企业名单（第八批）	101家企业符合准入条件。
2021	关于加快建立健全绿色低碳循环发展经济体系的指导意见	明确钢铁等十个行业推动绿色低碳循环发展的生产、消费、流通等体系的任务和目标。
2021	关于"十四五"大宗固体废弃物综合利用的指导意见	到2025年，新增大宗固废综合利用率达到60%，存量大宗固废有序减少等

附录 D
模型的主要参数设定

表 D.1 典型企业的炼铁和炼钢单位工序能耗

高炉		转炉		电炉	
企业	指标值	企业	指标值	企业	指标值
重钢	282.61	沙钢	−30.48	韶钢	9.53
涟钢	331.33	萍钢	−30.35	沙钢	19.51
新冶钢	357.06	新抚钢	−26.92	淮钢	22.49
安钢	354.21	德龙	−23.94	唐山文丰山川	31.56
沙钢	361.42	马钢	−23.46	新余钢铁	38.65
凌钢	369.12	唐钢	−21.31	衡管	52.16
川威	369.16	衢州元立	−22.66	永钢	52.79
新余钢铁	370.39	新兴	−21.96	太钢	53.45
三钢	372.91	唐山文丰山川	−21.31	通钢	54.58
方大特钢	374.06	太钢	−21.04	莱钢	55.56
萍乡	374.43	水钢	−20.56	本钢	56.55
本钢	376.22	南京钢铁	−19.45	最高值	163.74
太钢	378.96	天钢	−19.01		
武钢	379.28	江苏镔鑫	−18.9		
珠海粤钢	380.24	永钢	−18.58		
最高值	434.58	最高值	11.67		

注：表中"最高值"来自《中国钢铁工业年鉴》；典型企业数据来自中国钢铁工业协会会员信息；各指标值的单位均为千克标准煤/吨（kgce/t）。

附录 D　模型的主要参数设定

表 D.2　中国化石能源价格预测[219]

时间/年	原油(USD/barrel)	天然气(USD/MBtu)	煤炭(USD/tonne)
2010	92	7.9	137
2020	42	6.3	89
2030	56	8.5	77
2050	50	8.1	65

表 D.3　2015—2019 年中国工业实际电价[220]

时间/年	实际电价/[元/(kW·h)]
2015	0.683
2016	0.679
2017	0.612
2018	0.587
2019	0.563

表 D.4　四种大气污染物影子价格的取值

大气污染物	价　　格
CO_2	2.6 USD/t
SO_2	686.6 USD/t
NO_x	686.6 USD/t
$PM_{2.5}$	686.6 USD/t

注：2013—2017 年，全国碳排放权交易试点平均价格为 22.33 元/吨①，其他来源于《中华人民共和国环境保护税法》②。

表 D.5　IMED|CGE 对中国宏观经济与行业发展的预测结果

情景	指　　标	2020—2030 年	2030—2040 年	2040—2050 年	2050—2060 年
BAU	GDP 平均增长率/%	3.97	3.86	3.34	2.58
	建筑行业增加值增长率/%	1.64	2.46	2.89	2.24

① 来源：http://www.tanpaifang.com/tanjiaoyi/2018/0129/61449.html。
② 来源：http://www.npc.gov.cn/zgrdw/npc/xinwen/2018-11-05/content_2065629.htm。

续　表

情景	指标	2020—2030年	2030—2040年	2040—2050年	2050—2060年
NDC	机械制造行业增加值增长率/%	2.94	3.20	3.01	2.47
NDC	运输工具制造行业增加值增长率/%	3.99	3.63	3.14	2.54
NDC	家电行业增加值增长率/%	4.49	3.87	2.92	2.42
NDC	GDP平均增长率/%	5.05	3.86	3.20	2.50
NDC	建筑行业增加值增长率/%	1.65	2.51	2.93	2.27
CN	机械制造行业增加值增长率/%	2.88	3.02	2.94	2.42
CN	运输工具制造	3.97	3.53	3.05	2.48
CN	家电行业增加值增长率/%	4.51	3.95	3.06	2.48
CN	GDP平均增长率/%	4.56	1.02	−1.12	1.09
CN	建筑行业增加值增长率/%	1.70	1.93	2.03	1.73
	机械制造行业增加值增长率/%	2.21	−0.31	0.05	0.18
	运输工具制造	3.39	0.67	0.29	0.67
	家电行业增加值增长率/%	4.20	4.52	5.68	4.18

表 D.6　中国人口增长的预测结果

年份	2020	2025	2030	2035	2040	2045	2050	2055	2060
人口	14.12	14.58	14.64	14.48	14.32	14.16	14.00	13.65	13.30

注：数据来源于联合国"World Population Prospects 2019"中"中方案"结果，数值单位是亿人。

表 D.7　中国建筑行业五年规划中有关绿色低碳生产和消费发展的内容

规划名称	重点内容
"十四五"规划（2021—2025年）	绿色建造政策、技术、实施体系初步建立，加快推行绿色建造方式，建筑废弃物处理和再利用的市场机制初步形成，新建建筑施工现场建筑垃圾排放量控制在每万平方米300吨以下。
"十三五"规划（2016—2020年）	推进绿色建筑规模化发展。制定完善绿色规划、设计、施工、运营等有关标准规范和评价体系。大力使用绿色建材，加快建造工艺绿色化革新，充分利用可再生能源，实现工程建设全过程低碳环保、节能减排。

续 表

规划名称	重 点 内 容
"十二五"规划（2011—2015年）	推进建筑节能减排。鼓励先进成熟的节能减排技术、工艺、工法、产品向工程建设标准、应用转化，降低碳排放量大的建材产品使用，逐步提高高强度、高性能建材使用比例。推动建筑垃圾有效处理和再利用，全面建立房屋建筑的绿色标识制度。
"十一五"规划（2006—2010年）	促进建材建筑业健康发展。以节约能源资源、保护生态环境和提高产品质量档次为重点，促进建材工业结构调整和产业升级。大力发展节能环保的新型建筑材料、保温材料以及绿色装饰装修材料

表 D.8　中国制造用钢行业五年规划中有关绿色低碳生产和消费发展的内容

规划名称	重 点 内 容
"十四五"规划（2021—2025年）	深入实施智能制造和绿色制造工程，发展服务型制造新模式，推动制造业高端化智能化绿色化。改造提升传统产业，推动石化、钢铁、有色、建材等原材料产业布局优化和结构调整，完善绿色制造体系。
"十三五"规划（2016—2020年）	实施绿色制造工程，推进产品全生命周期绿色管理，构建绿色制造体系。
"十二五"规划（2011—2015年）	开发应用源头减量、循环利用、再制造、零排放技术，加强共性关键技术研发及推广，推进大宗工业固体废物规模化增值利用。以汽车零部件、工程机械、机床等为重点，有序促进再制造产业规模化发展。
"十一五"规划（2006—2010年）	运用信息、生物、环保等新技术改造轻工业。鼓励家用电器、塑料制品和皮革及其他轻工行业开发新产品，提高技术含量和质量

表 D.9　中国钢铁行业节能降碳减污可选技术及其在模型中的参数设定

代码	工序	作用	名　称	初始投入/(元/吨工艺环节产品)	每年运维成本/(元/吨工艺环节产品)	燃料节约量/(kgce/吨工艺环节产品)	电力节约量/(kW·h/吨工艺环节产品)	技术寿命/年	在基准年的普及率/%	在追踪年的估计普及率/%
T01	炼焦	回收	高温高压干熄焦技术	94.7	7.4	17.1	80.0	20	10	25
T02	炼焦	节能	煤调湿技术	44.8	17.7	10.2	16.6	10	30	50
T03	炼焦	节能	新型高导热高致密硅砖节能技术	28.7	0	25.0	0	10	8	16

续表

代码	工序	作用	名称	初始投入/(元/吨工艺环节产品)	每年运维成本/(元/吨工艺环节产品)	燃料节约量/(kgce/吨工艺环节产品)	电力节约量/(kW·h/吨工艺环节产品)	技术寿命/年	在基准年的普及率/%	在追踪年的估计普及率/%
T04	炼焦	减污	焦虑煤气高效脱硫技术	30.0	80.0	−25.0	0	15	10	25
T05	烧结	回收	烧结余热能量回收驱动技术	21.8	50.0	0	65.0	15	15	30
T06	烧结	节能	环冷机液密封技术	43.6	0	9.4	3.0	10	8	15
T07	烧结	回收	烧结废气余热循环利用工艺技术	17.8	0	5.5	0	20	20	40
T08	烧结	节能	小球烧结技术	12.5	11.0	5.0	0	20	15	40
T09	烧结	节能	降低烧结漏风率技术	12.5	2.5	0	2.0	10	30	60
T10	烧结	节能	低温烧结技术	12.0	2.5	15.0	−2.8	10	30	50
T11	烧结	减污	烧结机袋除尘技术	14.0	30.0	0	−3.3	10	30	45
T12	烧结	减污	循环流化床烟气脱硫技术	16.5	6.7	0	−9.3	10	15	25
T13	烧结	减污	石灰石—石膏湿法烟气脱硫	24.5	7.0	0	−6.8	10	25	35
T14	烧结	减污	烧结烟气选择性脱硫技术	86.1	8.9	0	−8.9	15	5	12
T15	烧结	减污	烧结烟气循环富集脱硫技术	128.5	10.8	0	−13.8	15	5	12
T16	烧结	节能	厚料层烧结技术	24.0	5.5	8.7	0.1	10	15	25
T17	球团	回收	球团废热循环利用技术	18.0	2.3	3.0	0	20	30	60

续 表

代码	工序	作用	名称	初始投入/(元/吨工艺环节产品)	每年运维成本/(元/吨工艺环节产品)	燃料节约量/(kgce/吨工艺环节产品)	电力节约量/(kW·h/吨工艺环节产品)	技术寿命/年	在基准年的普及率/%	在追踪年的估计普及率/%
T18	高炉	节能	高炉鼓风除湿节能技术	17.4	4.3	8.7	0	20	5	20
T19	高炉	回收	高炉炉顶煤气干式余压发电技术	16.3	4.2	0	54.0	15	60	70
T20	高炉	节能	旋切式高风温顶燃热风炉节能技术	56.2	0	0	8.1	0	15	20
T21	高炉	节能	高炉浓相高效喷煤技术	10.6	4.6	8.9	0	20	45	60
T22	高炉	节能	高炉热风炉双预热技术	10.6	11.7	9.7	0	15	15	25
T23	高炉	回收	高炉渣综合利用技术	8.0	83.3	20.0	0	15	15	50
T24	高炉	节能	高炉喷吹焦炉煤气技术	36.0	0	10.2	14.8	20	5	10
T25	高炉	回收	余热余压能量回收同轴机组应用技术	18.0	0	0	50.0	20	12	20
T26	高炉	节能	高精度顶压控制技术	18.6	0	0	1.7	20	8	16
T27	高炉	节能	高炉喷吹塑料技术	42.4	12.1	5.5	0	20	5	10
T28	高炉	减污	高炉煤气干法除尘技术	46.5	0	0	−2.5	20	25	35
T29	非高炉	节能	熔融还原铁技术	313.3	0	95.0	0	20	5	10
T30	非高炉	节能	煤基直接还原铁技术	253.7	0	70.0	0	20	8	15
T31	非高炉	降碳	氢基直接还原铁技术	541.3	0	120.0	0	20	1	5
T32	非高炉	节能	闪速炼铁	8.0	17.0	10.2	5.6	20	1	20

续 表

代码	工序	作用	名称	初始投入/(元/吨工艺环节产品)	每年运维成本/(元/吨工艺环节产品)	燃料节约量/(kgce/吨工艺环节产品)	电力节约量/(kW·h/吨工艺环节产品)	技术寿命/年	在基准年的普及率/%	在追踪年的估计普及率/%
T33	非高炉	节能	熔融氧化物电解	84.3	23.6	3.4	2.8	10	1	15
T34	转炉	减污	转炉烟气干法除尘技术	21.7	3.1	3.4	7.5	15	28	40
T35	转炉	减污	转炉煤气干法回收技术	31.0	7.4	5.0	−9.0	10	30	45
T36	转炉	回收	钢渣综合处理利用技术	55.8	31.3	3.1	0	20	30	50
T37	电炉	节能	电炉优化供电技术	28.0	20.0	0	20.0	15	30	40
T38	电炉	节能	直流电弧炉炼钢技术	31.0	18.6	0	88.9	20	15	35
T39	电炉	节能	废钢加工分类预处理技术	55.8	0	0	61.0	30	25	50
T40	电炉	节能	氧燃料燃烧技术	10.5	8.7	0	13.9	10	65	75
T41	电炉	节能	双炉壳电弧炉技术	70.7	0	0	36.1	20	5	8
T42	电炉	节能	优化电炉过程控制技术	96.7	0	0	30.6	10	5	10
T43	电炉	节能	超高功率电弧炉变压器技术	66.3	0	0	58.3	15	6	10
T44	电炉	节能	炉渣发泡技术	24.8	0	0	19.4	30	8	15
T45	电炉	节能	复合吹炼技术	17.4	1.9	0	0.1	10	7	15
T46	电炉	减污	电弧炉二噁英控制技术	87.3	9.8	4.7	−14.2	10	20	40
T47	轧钢	节能	连铸连轧技术	53.8	0	24.9	0	20	30	50
T48	轧钢	节能	低温轧制技术	26.0	0	8.0	0	20	30	50

续 表

代码	工序	作用	名 称	初始投入/(元/吨工艺环节产品)	每年运维成本/(元/吨工艺环节产品)	燃料节约量/(kgce/吨工艺环节产品)	电力节约量/(kW·h/吨工艺环节产品)	技术寿命/年	在基准年的普及率/%	在追踪年的估计普及率/%
T49	轧钢	节能	薄带连铸技术	40.0	45.0	40.9	80.0	20	5	15
T50	轧钢	节能	连铸坯热装热送技术	18.0	16.7	8.5	0	15	60	75
T51	轧钢	节能	轧钢加热炉蓄热式燃烧技术	88.0	19.8	10.0	0	15	57	70
T52	轧钢	节能	自动检测和定位系统	22.3	0	0	55.6	10	25	40
T53	轧钢	回收	退火线热回收技术	21.7	0	3.4	2.8	10	15	25
T54	轧钢	节能	蓄热式烧嘴加热炉	19.8	0	10.2	85.0	10	8	15
T55	轧钢	减污	塑烧板除尘技术	89.0	0	1.5	−4.5	20	4	10
T56	轧钢	减污	连续退火技术	77.8	0	5.5	−5.6	20	5	10
T57	全流程	降碳	碳捕获、封存与利用技术	283.9	0	0	0	20	1	20